用于固态锂金属电池的钛酸镧锂基电解质研究

毕佳颖 / 著

中国石化出版社
·北京·

内 容 提 要

本书全面系统地介绍了目前固态电解质的研究背景和发展概况、固态锂电池面临的机遇与挑战；总结了钙钛矿型 LLTO 固态电解质与正、负极之间的界面相容问题，重点介绍了其与金属锂负极之间的界面副反应问题，阐述了二者之间的化学反应机制及相互作用；叙述了通过与聚合物电解质进行不同形式的复合，设计并构建高离子电导率、良好界面稳定性的新型 LLTO 复合固态电解质；系统介绍了不同 LLTO 复合电解质的锂离子传导机制，优化电解质材料的结构组成及物化特性，提出调控电极/电解质界面新方法，提高界面稳定性策略，并对其在固态金属锂电池中的应用情况进行了综合性评价。

本书适合固态锂电池领域相关科技工作者，尤其是从事固态电解质材料研究工作的科研人员参考使用。

图书在版编目(CIP)数据

用于固态锂金属电池的钛酸镧锂基电解质研究 /毕佳颖著．—北京：中国石化出版社，2023. 8
ISBN 978-7-5114-7200-7

Ⅰ. ①用… Ⅱ. ①毕… Ⅲ. ①固体电解质电池-锂电池-研究 Ⅳ. ①TM911. 3

中国国家版本馆 CIP 数据核字(2023)第 145989 号

未经本社书面授权，本书任何部分不得被复制、抄袭，或者以任何形式或任何方式传播。版权所有，侵权必究。

中国石化出版社出版发行

地址：北京市东城区安定门外大街 58 号
邮编：100011　电话：(010)57512500
发行部电话：(010)57512575
http://www. sinopec-press. com
E-mail:press@ sinopec. com
北京科信印刷有限公司印刷
全国各地新华书店经销

*

710 毫米×1000 毫米 16 开本 10 印张 164 千字
2023 年 12 月第 1 版　2023 年 12 月第 1 次印刷
定价：58. 00 元

前　言

Preface

电化学储能器件中，锂离子电池具有能量密度高、无记忆效应、循环寿命长和绿色环保等优点，在新能源汽车、大规模储能、航空航天等领域得到了广泛应用。随着负载设备对电池能量密度的需求越来越高，传统锂离子电池体系已不能满足高能量密度需求。金属锂具有最低的标准电极电势(－3.04V，相对于标准氢电极)和最高的理论能量密度(3860mA·h/g)，是锂二次电池负极材料的首选。然而，由于电池在循环过程中高反应活性的金属锂与有机电解液会发生持续的副反应，同时不均匀的锂沉积极易形成锂枝晶，最终导致电池发生起火、爆炸，存在巨大的安全隐患，严重阻碍金属锂负极的实际应用。无机固态电解质具有高机械强度和不燃性，能够有效抑制锂枝晶生长，解决有机电解液带来的电池安全性问题。但是，无机固态电解质与正极材料、金属锂负极之间存在界面物理接触不良、界面化学稳定性差、界面副反应等亟待解决的问题，严重影响了固态电池的电化学性能。

针对以上问题，本书总结了钙钛矿型钛酸镧锂(LLTO)电解质与正、负极之间的界面相容性，重点介绍了与金属锂负极之间的界面副反应问题，阐述了二者之间的化学反应机制及相互作用。通过与聚合物电解质进行不同形式的复合，设计并构建高离子电导率、良好界面稳定性的新型LLTO复合固态电解质。系统介绍了不同LLTO复合电解质的锂离子传导机制，优化电解质材料的结构组成及物化特性，以提出有效改善策略，调控电极/电解质界面，提高界面稳定性，并对其在固态金属锂电池中的应用情况进行了综合性评价。

结合国内外固态锂电池中固态电解质材料的研究进展，本书较为系统地对 LLTO 固态电解质的技术发展和应用前景进行了总结分析，同时希望本书能够为 LLTO 基固态电解质的研究与应用工作提供一定的基础支撑。本书共分为 7 章。第 1 章介绍了固态电池的工作原理、基本结构和产业现状等；第 2 章着重讲述了不同类型固态电解质材料的主要性能及特点；第 3 章着重介绍了固态锂电池面临的机遇与挑战；第 4 章介绍了 LLTO 固态电解质非对称界面构筑研究；第 5 章介绍了双层结构复合电解质及其与金属锂界面稳定性研究；第 6 章介绍了 LLTO 基复合电解质膜及其界面匹配研究；第 7 章介绍了 LLTO 基复合固态电解质修饰隔膜的制备方法及其应用研究。

本书出版获得西安石油大学优秀学术著作出版基金资助；在撰写过程中得到了西安石油大学油气资源绿色开发与多能互补创新团队的大力支持；另外，部分实验数据由北京理工大学提供。在此，作者一并表示感谢。

由于作者水平有限，书中难免会有错误和不妥之处，恳请广大读者批评指正。

目　录

Contents

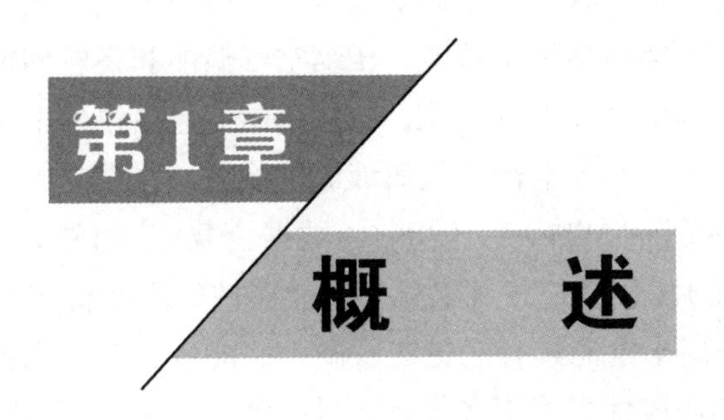

1.1 引言

随着科学技术的革新和物质文明的发展，世界能源消耗呈逐年增长趋势。长期以来，我国能源结构以传统化石能源为主，可再生能源比重偏低。一方面，化石能源的日益短缺和价格波动会对经济社会发展产生重大冲击；另一方面，化石能源的利用也是导致环境污染和气候变化等诸多问题的关键因素。在低碳经济全球化的背景下，我国正逐步迈入多元化能源时代。截至 2020 年，我国单位 GDP CO_2排放量比 2005 年下降了 40%~45%，预计到 2030 年将下降 60%~65%。大力发展新能源产业是应对我国能源消费持续增长、能源结构优化、节能减排、缓解环境问题的关键举措。到 2050 年，我国可再生能源供应量预计将达到 31.7 亿 t 标准煤，与我国一次能源消费的增长总量相当。

随着我国宣布 2030 年实现“碳达峰”、2060 年实现“碳中和”发展目标的确定，人们将目光投向太阳能、风能、水能、地热能等可再生清洁能源，太阳能和风力发电机所产生的大量电能需要并入电网，通过对这类可再生能源的使用，可有效减少 CO_2 气体的产生和排放，减轻人类活动对环境的破坏。然而，由于这类自然能源对环境的依赖性较大，同时存在能量密度低、时空分布不均衡、不稳定、受地理环境影响较大等特点，如果将其直接并网运行，对电网将会产生较大冲击。因此，为了使可再生能源以一种稳定的形式应用，保证能量平滑输出，提高能源利用率，顺应我国可持续发展的内在要求，助力构建绿色低碳循环发展的经济体系，需要大力发展储能产业。储能技术是分布式发电系统、可再生能源接入、智能电网、能源互联及电动汽车等领域发展的关键支撑技术。

目前常见的储能方法按照其具体方式主要可分为机械储能、电磁储能、电化学储能三大类型。电化学储能技术因具有能量密度高、转换效率高、设备结构简单和配置灵活等优点成为现有众多储能技术中最有潜力、发展最快和最核心的技术之一。其中机械储能包括抽水蓄能、压缩空气储能和飞轮储能；电磁储能包括超导、超级电容和高能密度电容储能；电化学储能包括铅酸电池、镍氢电池、镍镉电池、锂离子电池、钠硫电池和全钒液流电池等。根据中关村储能产业技术联盟(China Energy Storage Alliance，CNESA)数据，截至2018年底，我国已投运电化学储能累计装机1.01GW。各种电化学储能器件的主要优劣势及其当前应用见表1-1。其中，锂离子电池具有能量密度高、储能效率高、无记忆效应、自放电小、循环寿命长和适应性强等诸多优点，目前已作为最重要的电化学储能器件广泛应用于消费电子、电动汽车、大规模储能、航空航天等诸多领域。

表1-1　各种电化学储能器件的主要优劣势及目前应用

电池分类	主要优势	主要劣势	目前应用
铅酸电池	成本低	能量密度低、体积大、容量小	最早使用，现已基本淘汰
镍氢电池	安全、制造工艺成熟	无法实现快充、充电效率低	逐渐退出汽车市场
锂离子电池	能量密度高、储能效率高、循环寿命长	不耐低温、安全性有待提高	主流电动车使用
固态电池	能量密度高、安全性能好	界面电阻大	目前日本、中国、美国均在研发中

受益于全球新能源市场的增长，动力电池市场也呈稳步增长态势，如图1-1所示，根据相关产业研究机构的预测，预计到2025年，全球锂电池主要市场需求量将达到1223GW·h，新能源汽车产销量将达到2240万辆。按装机量统计，

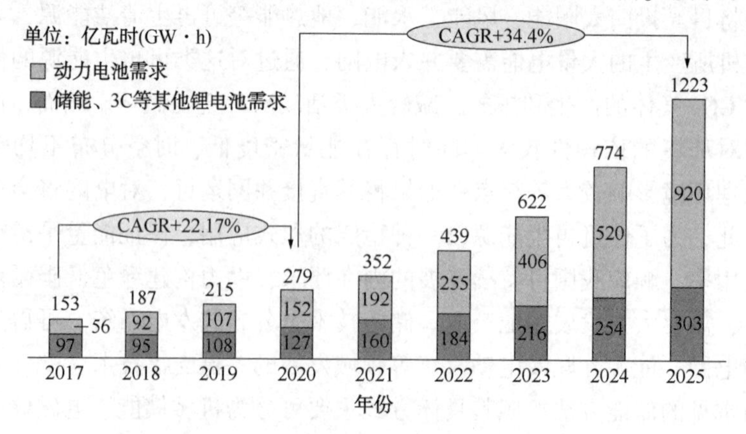

图1-1　全球锂电池及动力电池需求量预测

我国是全球最大的动力电池市场，随着对新能源汽车购置补贴和免征车辆购置税等利好政策的扶持，中国动力电池市场的需求会持续增长，未来必将超过消费类电池市场。

1.2 锂离子电池

锂离子二次电池的发展始于20世纪70年代石油危机时期，能源的短缺迫使全世界大力发展可再生能源。在锂离子二次电池材料研发过程中，由于金属锂相对其他金属密度小、电势低（-3.04V 相对于标准氢电极）、理论比容量高（3860mA·h/g），被认为是一种理想的高能量密度电池负极材料。但是，由于没有从根本上解决锂枝晶引发的安全问题而制约了其发展，金属锂电池从此慢慢地淡出了大家的视野，于是人们选择嵌入化合物代替金属锂。20世纪70年代，Armand 提出以石墨嵌入化合物作为锂二次电池负极材料，锂离子在充/放电过程中在正、负极之间反复嵌入/脱出，得到了没有锂金属的锂二次电池，并最早提出了"摇椅电池"的概念。1980年，John B. Goodenough 发现了可逆容量达到140mA·h/g以上的层状 $LiCoO_2$正极材料，锂离子嵌入在该材料中不会发生巨大的体积膨胀，从此开启了锂离子电池的新时代。1991年，Sony 公司推出了以石墨材料为负极、$LiCoO_2$为正极的商用锂离子电池。自此，锂离子电池凭借其高能量密度、高安全性的优势迅猛地在全球范围内得到普及，在十几年中彻底占领了移动电子和电动汽车领域，开创了新能源时代。

传统的锂离子电池由正极、负极、隔膜、液态电解质（电解液）等部分组成，其工作原理即为锂离子电化学"脱嵌/嵌入"的原理。电池充电过程中，Li^+从$LiCoO_2$晶胞中脱嵌，其中的Co^{3+}氧化为Co^{4+}，同时释放一个电子，锂离子通过电解液从正极向负极迁移，嵌入石墨的层状结构中，正极材料中的过渡金属离子被氧化，实现能量储存。电池放电过程则相反，Li^+从负极脱出，经过电解液嵌入$LiCoO_2$晶胞中，过渡金属离子Co^{4+}被还原为Co^{3+}，负极处于贫锂态，正极处于富锂态，实现能量释放。在理想状态下，Li^+能够在正、负极上反复地脱嵌，只引起层面间距变化，不会破坏晶体结构，形成可逆反应。锂离子电池充/放电过程工作原理示意如图1-2所示，其电化学表达式为：

正极反应：$$LiCoO_2 \rightleftharpoons Li_{1-x}CoO_2 + xLi^+ + xe^-$$

负极反应：$$xLi^+ + xe^- + nC \rightleftharpoons Li_xC_n$$

电池反应：$$LiCoO_2 + nC \rightleftharpoons Li_{1-x}CoO_2 + Li_xC_n$$

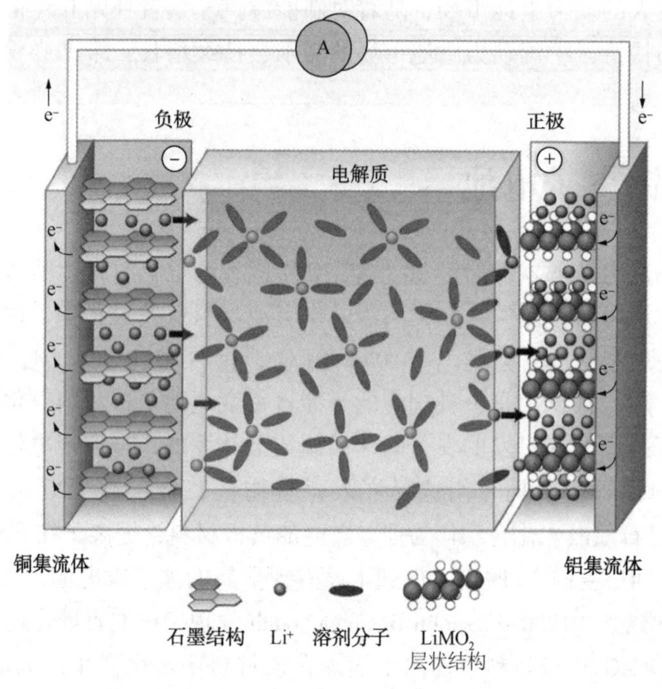

图 1-2　锂离子电池工作原理示意

1.3　固态锂电池

现阶段商用锂离子电池大多采用有机体系液态电解质，这类电解液存在极大的安全隐患：首先，有机溶剂极易挥发、易燃烧，一旦发生泄漏，将引发电池起火，随即发生爆炸，危害环境和人类健康；其次，碳酸酯类电解液在电池过充、过放、高温、撞击等滥用条件下，会触发电池内部短路、升温，导致电解液分解产生大量气体，使电池内部压力急剧增大，最后导致电池爆炸或燃烧。另外，锂离子被还原后，易发生不均匀沉积而形成锂枝晶，生长到一定程度时会刺穿隔膜造成电池短路。所以，由此引发的安全问题成为其发展应用的最大障碍，亟待解决。同时，液态电解液在低温工作条件下黏度增加，导致锂离子电导率降低，使电池内部电阻上升，低温下的离子电导率明显下降，严重影响电池性能。随着电动汽车、航空航天、通信电网等领域的发展，对电池的能量密度提出了更高要求，而基于有机电解液的锂离子电池已进入能量密度的瓶颈期，其有限的能量密度无法满足下一代电池的需求。《中国制造 2025》明确了我国未来动力电池的发展规划，指出到2025年，动力电池单体能量密度需达到400W·h/kg。这需要对现有电池材料体系进行革新，从而进一步提高锂离子电池的能量密度。综上所述，高安全、高能量密度是传统锂离子电池面临的重大挑战。

1.3.1 固态锂电池的特点

将电解液固态化是最有望解决锂电池上述问题的方法，这种形式的锂电池被称为固态锂电池，固态电解质的发展起源于20世纪50年代。固态锂电池的结构及组成更为简单，其中固态电解质的作用相当于液态锂离子电池中的电解液和隔膜，固态锂电池结构简化有利于电池装配过程的优化控制。如图1-3所示，第一代固态锂电池为半固态，采用高镍三元作为正极材料，石墨类碳材料作为负极材料，固态电解质膜中一般含有5%~10%的液体；第二代为准固态，即以高镍三元或无钴三元材料作为正极，以金属锂作为负极，电解质为液体含量小于5%的有机-无机复合固态电解质膜；第三代为全固态锂电池，正极采用下一代无锂或缺锂材料，负极采用金属锂或含锂负极，电解质为有机-无机复合固态电解质体系，能量密度将超过500W·h/kg。

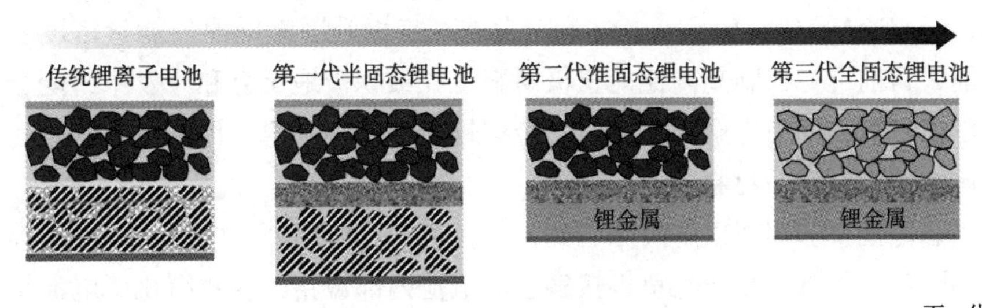

图1-3 固态锂电池发展结构示意

1.3.2 固态锂电池的组成结构

图1-4所示为固态锂电池结构示意。可以看出：固态锂电池与传统锂离子电池在结构上最大的区别在于正、负电极，为增加极片与电解质的接触面积，固态锂电池的正、负极一般会与固态电解质混合作为复合电极。例如，在正、负极颗粒间热压或填充固态电解质，或者在电极侧引入液体，形成固-液复合体系。固态锂电池相对于传统锂离子电池结构更加简单，在组装成大型储能模块时不需要另外配置电池管理系统等附件，因此质量更轻、体积更小，理论上能得到的能量密度更高。固态锂电池的工作原理和传统液态锂离子电池没有明显差别。

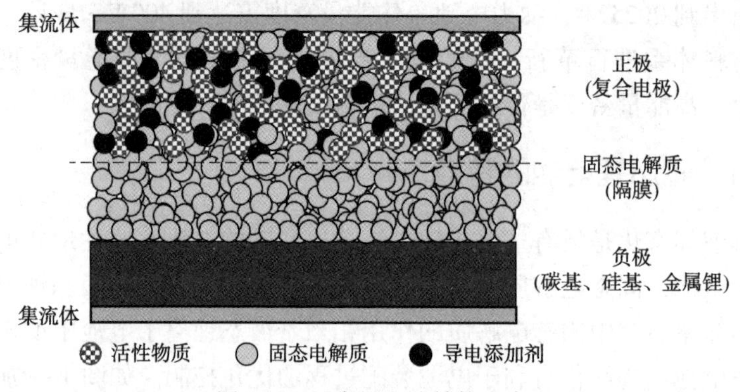

图 1-4 固态锂电池结构示意

(1) 固态电池正极材料

为增加电极极片与电解质的接触面积，固态电池一般选用复合电极作为正极材料，复合电极由电极活性物质、固态电解质及协助传导离子和电子的导电剂组成。固态电池正极材料与传统锂离子电池兼容，常见的正极材料包括含锂嵌入化合物，如钴酸锂（$LiCoO_2$）、锰酸锂（$LiMn_2O_4$）、磷酸铁锂（$LiFePO_4$）、三元材料（$LiNi_{(1-x-y)}Co_xMn_yO_2$，$0<x$，$y<1$）等。为进一步提升固态电池的能量密度及电化学性能，目前下一代新型高比能正极材料也在被积极地研究和开发中，配合选用电化学窗口宽的固态电解质，可以与金属锂负极组装成第三代固态锂电池。

(2) 固态电解质材料

固态电池中的固态电解质除起到传导锂离子的作用外，同时替代了锂离子电池中的隔膜，能够防止正、负极接触造成电池内部短路，有效简化了电池结构体系。同时，由于其不可燃、不易泄漏、具有一定机械强度的特点，能够解决有机电解液固有的安全性问题。除了安全性外，固态电池有望进一步提高电池体系的能量密度。由于部分固态电解质具有较低的还原电位，使得金属锂作为负极成为可能。采用金属锂负极与固态电解质构筑的固态锂金属电池，有望大幅度提升电池的安全性和能量密度，是下一代高安全、高能量密度电池的极佳选择。另外，由于固态电解质电化学窗口相对较宽，可匹配高电压正极材料，有利于进一步提高电池的能量密度和功率密度。

(3) 固态电池负极材料

目前，固态电池研究中常见的负极材料包括碳基、硅基和金属锂。碳基负极材料的研究较多，其中以石墨类碳材料作为典型代表，石墨类碳材料具有良好的层状结构，充/放电体积变化小且有效避免了锂枝晶生长，适合锂离子嵌入和脱出，具有良好的电压平台，充/放电效率可达到90%以上，是目前商用锂离子电池常用的一种负极材料。但是碳基负极材料的理论比容量较低(372mA·h/g)，目前实际应用已基本达到理论极限，无法满足下一代高比能锂离子电池的发展需求。

硅负极材料在目前锂离子电池负极中具有最高的理论比容量(4200mA·h/g)，同时其工作电压合适、储量丰富、环境友好，被认为是最有希望的下一代锂离子电池负极。但是，硅负极在嵌锂过程中会发生较大的体积膨胀，导致硅材料破裂粉碎、活性物质从导电集流体上剥离，同时无法形成稳定的固态电解质界面膜(SEI)，从而使其在循环过程中容量迅速衰减，电池快速失效。

金属锂是目前已知最轻的金属单质，密度仅为0.534g/cm^3，作为负极材料其电化学电势最低(-3.04V，相对于标准氢电极)，同时具有非常高的理论比容量(3680mA·h/g)，因此，在众多负极材料中被认为是高能量密度电池的“圣杯”电极。然而，由于金属锂电极表面容易产生锂枝晶，增加电池内部短路、爆炸的风险，带来的安全问题严重限制了锂金属负极的商业化应用。同时，金属锂负极在电池充/放电循环过程中由于反复沉积和剥离造成大量没有电化学活性的“死锂”形成，一方面降低了电池的充/放电库仑效率，减小电池容量；另一方面，“死锂”层没有电子导电性，大量堆积会造成电极阻抗的增加，降低电池的倍率性能。

1.3.3 固态电池产业现状

为使锂电池具有更高的能量密度和更好的安全性，近年来，国内外众多锂离子电池厂商和研究院所在固态锂电池方面开展了大量的研发工作，在固态锂电池的基础学科研究和产业化进展中都取得了诸多突破。

(1) 国外固态电池产业发展现状

固态电池目前仍处于产业发展的初期阶段，全球范围内各国企业及研究机构的技术路径也不尽相同，欧洲国家主要采用聚合物体系，美国则是以聚合物电解质及氧化物电解质体系为主，日韩企业及研究院主要采用硫化物体系。国外主要固态电池企业及研究机构产品性能指标见表1-2。

表1-2 国外主要固态电池企业及研究机构产品性能

企业及研究机构	正极材料	固态电解质	负极材料	主要性能值
Bollore	LFP、$Li_xV_3O_8$	聚合物	金属锂	100W·h/kg(量产)
丰田/松下	LCO、NCA、LNMO	硫化物	石墨、钛酸锂、金属锂	400W·h/kg

续表

企业及研究机构	正极材料	固态电解质	负极材料	主要性能值
SEED	LFP、NCA	聚合物	金属锂	300W·h/kg
Sakti3	LCO	氧化物	金属锂或锂合金	1000W·h/L
Sony	NCM	硫化物	石墨	500W·h/L

日本已经将固态电池的研发提升到国家战略高度，以举国之力发展固态电池技术。2017年，日本宣布出资16亿日元，联合丰田、本田、日产、松下、东丽、旭化成、三井化学、三菱化学等顶级产业链力量，共同研发固态电池，希望在2030年能够实现800km的续航目标。目前，日本各企业及研究机构在技术研究方面申请的专利数量居全球首位，产业化进程方面同样领先于其他国家。日本针对全固态电池的研发主线，已经从最初探索高性能的电解质材料，逐步转移到解决如电芯的试制、制造工艺的开发、充/放电循环寿命等课题上。研究重点已进入根据不同的应用，尝试正极材料和负极材料的适当组合，以及尝试实现大规模量产的制造工艺开发阶段。2010年，丰田公司对外发布了续航里程超过1000km的固态电池。丰田公司在车规级固态电池领域拥有专利1000余项，是目前全球固态电池行业的领头企业。2022年，丰田公司在美国拉斯维加斯消费电子展(CES 2022)上宣布，预计将于2025年面世第一辆搭载固态电池的丰田汽车。

2021年，大众汽车集团零部件公司公开宣布目前正大力推进固态电池，有望在2025年向市场供应，计划到2030年打造六大电池工厂，总年产能将达到240GW·h。宝马计划在2025年前推出首辆固态电池展示车，并努力在2030年实现量产，推动锂离子电池过渡至固态电池阶段。

在固态电池的研发和产业化道路上，韩国以企业界为主导，在政府部门指引下各大汽车电池生产商联合开发全固态电池。目前，韩国研究固态电池的企业主要有三星SDI、LG和现代汽车等，其中三星、LG和SKI创新选择成立联合基金共同开发固态电池。现代汽车以自主开发、与高校合作和外部投资的方式进入固态电池的产业链。在专利方面，韩国分布相对比较集中，三星SDI、LG和现代占比50%以上。在技术路径方面韩国研究企业均以硫化物电解质为主。

美国在能源部(DOE)科学基金和国家实验室研究的推动下，在固态电池方面的研究也取得了重大进展，并在此基础上衍生出众多初创公司，如QuantumScape、SEEO、Solid Power、Solid Energy Systems、Ionic Materials等。这些初创公司以其在固态电池技术方面的先进性，目前已分别得到宝马、大众、现代等汽车巨头和多家风投基金的投资。2021年，宝马与福特等公司注资Solid Power，总出资额约为1.3亿美元。Solid Power已可以生产20A·h的全固态电池，并将计划生产100A·h电池。正是通过这些初创公司的技术创新能力，确保美国进入全球固态电池研究水平的前列。从技术路径看，美国这些初创公司选择的技术路径以聚合物电解质和氧化物电解质为主，负极材料多采用锂金属。

（2）国内固态电池产业发展现状

从国外各企业实验与中试产品看，固态电池能量密度优势已开始凸显，明显超过现有的锂离子电池水平。近年来，我国政府多次通过政策鼓励发展固态锂电池。例如，国务院2020年10月下发的《新能源汽车产业发展规划(2021—2035年)》中提出“加快全固态动力电池技术研发及产业化”。同一时间中国汽车工程学会发布的《节能与新能源汽车技术路线图2.0》也提到“固态电池研发力度加大，并布局全固态锂离子和锂硫电池等新体系电池研发”。并提出电池总体目标是高比能量电池在2025年达到350W·h/kg，2030年达到400W·h/kg，2035年达到500W·h/kg。在国家政策的号召及市场巨大需求的推动下，国内诸多电池企业迈入固态电池研发领域，这些企业包括卫蓝新能源、宁德时代、恩力动力、蜂巢能源、赣锋锂业、清陶能源和辉能科技等。近两年来，这些企业的电池研发进一步提速，目前已取得丰硕成果。同时中科院物理所、中科院化学所、中科院青岛生物能源所、中科院宁波材料所等研究机构也参与到固态锂电池的研发工作中。同时，国内一些汽车企业联合电池企业，如北汽集团、比亚迪等汽车企业纷纷布局固态锂电池；新造车公司对固态锂电池接受度更高，蔚来汽车、天际汽车分别与中国台湾辉能科技达成合作共同研发动力电池。部分国内固态电池研发机构产业化进展见表1-3。

表1-3 我国固态电池研发机构产业化进展

研究机构	固态电解质	主要性能值	生产布局
中科院物理所	氧化物、硫化物	390W·h/kg	在高温下循环测试
中科院宁波材料所	聚合物	260W·h/kg	与赣锋锂业合作尝试产业化
中科院青岛生物能源所	氧化物、聚合物	300W·h/kg	已在马里亚纳海沟完成深海测试
宁德时代	硫化物、聚合物	300W·h/kg	预计2030年后实现商品化
辉能科技	固液混合电解质	440~485W·h/L	预计2024年完成量产
赣锋锂业	固液混合电解质	360W·h/kg	2022年实现2GW·h固态电池产能
清陶能源	氧化物、复合固态电解质	最高420W·h/kg	动力电池产品预计在2024年量产
北京卫蓝新能源	固液混合电解质	大于300W·h/kg	2023年上半年开始量产

北京卫蓝新能源公司的技术路径为半固态电池，2018 年，公司通过原位固化技术实现了 300W · h/kg 以上的固态电池。2022 年初宣布和蔚来汽车合作，将其固态电池产品应用于 ET7 车型，其固态电池包电量为 150kW · h，可实现 1000km 的续航里程、单体能量密度为 360W · h/kg。卫蓝新能源目前正在建设一条 2GW · h 的规模化固液混合固态动力电池生产线，以实现 2022 年底到 2023 年初量产固态电池。

清陶能源的半固态电池基于氧化物固液混合电解质，2021 年 9 月，其 QT-360 高能量密度产品在国家机动车产品质量监督检验中心（上海）完成国家强检认证测试。该产品电池单体实测放电容量（1/3C）超过 116A · h，能量密度为 368W · h/kg。2022 年 2 月，清陶新能源固态锂电池 10GW · h 产业化项目在苏州昆山正式开工。

辉能科技公司预备量产的半固态电池基于氧化物固液混合电解质。其采用 SiO_x/石墨负极的半固态电池可实现能量密度为 440～485W · h/L，循环寿命超过 1000 次，并可用 5C 快速充电，于 2022 年底量产。此外该公司已制造出固态锂金属原型电池，能量密度可达到 383W · h/kg 和 1025W · h/L，可在室温下循环 500 次。公司将于 2023 年试产全固态电池，2024 年完成量产。

赣锋锂业公司在 2021 年 12 月推出其第一代固态电池，该电池基于固液混合电解质，其中包含氧化物电解质，并使用石墨作为负极，实现了 240～280W · h/kg 的能量密度。公司正在进行第二代全固态电池的开发，能量密度将超过 360W · h/kg。2022 年 1 月，赣锋锂业联合东风汽车公司发布了 50 台 E70 固态电池示范运营车辆，其规划的 2GW · h 第一代固态电池产能将在 2022 年逐步释放。

蜂巢能源对硫化物和氧化物固态电解质均有涉及。目前开发的基于硫化物固态电解质和 NCM/Li-In 电极原型电池能够实现 4mA · h/cm^2 正极面容量，在 32℃ 温度下，电流密度为 1C 时放电比容量可达到 204. 5mA · h/g，1000 次循环容量保持率为 89. 5%。目前开发的基于三元高镍正极和合金负极的安时级全固态电池可实现 350W · h/kg 的能量密度，电池可承受 200℃ 的热冲击和针刺实验。

综上所述，中国固态电池生产企业主要选择基于固液混合电解质的半固态电池和硫化物基全固态电池两种研发路线。虽然添加液态电解质可能会在一定程度上降低热稳定性，但采用固液混合电解质大规模生产半固态电池的工艺更兼容目前液态锂离子电池的制造技术和设备。综合考虑材料和设备等这些因素，半固态电池在短期内更具可行性，而且已处于量产的前夜。中国在半固态电池的产业化进程中似乎处于领先地位，而对于全固态电池的产业化，我国与三星 SDI、丰田、Solid Power、QuantumScape 等领先企业相比还有一定的距离。

虽然我国目前在固态锂电池基础科学研究和产业化探索中取得多项突破，但是实验室固态锂电池和商用锂离子电池之间仍然存在较大的差距，如固态电解质的低成本和高效率量产、制造具有高机械强度和离子电导率的薄电解质膜层、高负载电极片的制备、正负极和电解质的良好接触，以及全固态软包电池的组装等。虽然全固态锂离子电池的实际应用还需要一段时间，但是目前能量密度超过300W·h/kg 的半固态电池即将投入量产。未来，我国固态锂电池行业的相关技术将不断进步，固态锂电池将呈现更高的能量密度，更优秀的安全性及更低的成本，其实现规模化生产和商业化发展的时日已并不遥远。

第2章 固态电解质发展概况

固态电解质，又称快离子导体，是指固态物质在工作温度下具有相当于熔盐或液体电解质的离子导电率，且导电活化能需小于0.5eV。固态电解质属于离子导电特性，其载流子可以是阳离子、阴离子或离子缺陷，电子电导率可忽略不计。固态电解质在固态电化学能源储存与转换体系中有非常重要的应用，其中锂离子固态电解质、钠离子固态电解质和质子导体被广泛研究。本书中所涉及的固态电解质均指锂离子固态电解质。

尽管目前使用的传统液态有机电解质具有高室温离子电导率和良好的润湿性，但同时也存在热稳定性差、易挥发漏液等不可忽视的安全问题。近年来，锂离子电池爆炸、电动汽车自燃、起火等事故频发，威胁着人身安全、商业推广和社会效益，使得解决锂离子电池安全问题迫在眉睫。使用固态电解质替代液态电解质组装的固态电池，有望从根本上解决上述安全问题。如果能在解决安全问题的同时进一步提高电池能量密度、循环寿命等其他性能指标，将会在动力电池及大规模储能等领域显示出巨大的应用价值。固态电解质的电化学窗口宽、化学和热稳定性高，机械性能优异，不存在漏液问题，具有良好的安全性。既可承担隔膜的角色阻隔正、负极接触又能起到传导锂离子的作用，作为实现高能量密度、高安全性固态电池的最核心组成部分，直接影响固态电池的容量、工作温度范围、安全性及电化学性能。

一般而言，理想的固态电解质材料应满足以下几点要求：

(1) 在工作温度下应具有较高的离子电导率；

(2) 高锂离子迁移数(约为1)；

(3) 低的电子电导率($<10^{-5}$S/cm)；

(4) 适宜的机械强度和柔韧性；

(5) 电化学稳定窗口宽；

(6) 在使用温度下热力学性质稳定。

目前，固态电解质的研究主要集中在三大类材料：无机固态电解质、聚合物固态电解质和复合固态电解质。下面分别介绍各类电解质的主要性能及特点。

2.1 无机固态电解质

无机固态电解质的研究历史相对悠久，相比于液态电解质，无机固态电解质在材料安全性、稳定性、机械性能和电池结构设计的简单性方面具有明显优势。无机固态电解质研究主要包括氧化物、硫化物、卤化物及硼氢化物等，其中氧化物固态电解质和硫化物固态电解质是目前的应用研究热点。氧化物固态电解质包括 LISICON 型、NASICON 型、钙钛矿型、反钙钛矿型和石榴石型等。硫化物固态电解质主要包括非晶态硫化物固态电解质、晶态硫代-LISICON 电解质及玻璃-陶瓷硫化物固态电解质。

2.1.1 氧化物固态电解质

（1）LISICON 型固态电解质

LISICON 是超级锂离子导体（Lithium Super Ionic Conductor）的缩写，在正交 *Pnma* 空间群内具有 γ-Li_3PO_4型结构。通过组合 Li_4XO_4（X=Si、Ge、Ti 等）和Li_3YO_4（Y=P、As、V 等），可以构建一系列 LISICON 型固态电解质，通式为$Li_{3+x}X_xY_{1-x}O_4$。1978 年，Hong 等人首次报道了 LISICON 型固态电解质 $Li_{14}Zn(GeO_4)_4$，其室温锂离子电导率仅为 10^{-7}S/cm，但在 300℃时可达到 0.125S/cm。如图 2-1 所示，$Li_{14}Zn(GeO_4)_4$ 可被看作具有稳定三维$[Li_{11}Zn(GeO_4)_4]^{3-}$阴离子骨架的$Li_4GeO_4$和$Zn_2GeO_4$固溶体。在 LISICON 型固态电解质中，这种基于 γ-Li_2ZnGeO_4的富锂固溶体中的 Li^+占据八面体的间隙位置，其他三个 Li 离子可以在骨架结构的间隙位置沿二维平面自由迁移，这使得其活化能很低，仅为 0.24eV。在$[Li_{11}Zn(GeO_4)_4]^{3-}$的基本骨架内，可建立三维的锂离子传输通道，并且八面体位点被部分占据，有利于锂离子进一步传导。在 LISICON 体系电解质中，$Li_{3.5}Si_{0.5}P_{0.5}O_4$的锂离子电导率可达到 3×10^{-6}S/cm，而

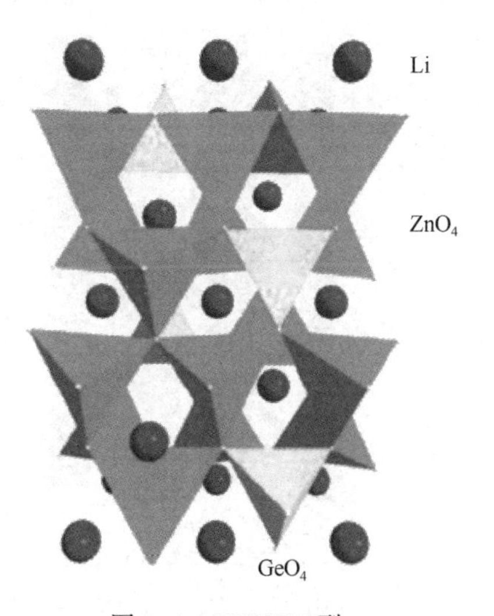

图 2-1 LISICON 型 $Li_{14}Zn(GeO_4)_4$的晶格结构

含 As 或 V 的 LISICON 型固态电解质的锂离子电导率可达到更高水平。但是，与其他固态电解质材料相比，其室温离子导电率偏低，同时与金属锂和空气接触时不稳定，因而在实际应用中较为受限。

（2）NASICON 型固态电解质

NASICON 型固态电解质是钠超离子导体（Sodium Super Ionic Conductor）的缩写，可以用通式 $AM_2(PO_4)_3$ 表示，其中 A＝Li 或 Na 等，M＝Ge、Ti、Zr、Hf 等。NASICON 型材料晶体结构骨架的构建方式为：在刚性的 $M_2P_3O_{12}$ 骨架中，两个 $[MO_6]$ 八面体和三个 $[PO_4]$ 四面体通过在一个单元中共享 O 原子而连接在一起。在该骨架内，碱金属阳离子占据间隙 A_1 和 A_2 的位置，并且可通过 $[MO_6]$ 八面体和 $[PO_4]$ 四面体建立的三维传输通道，为碱金属阳离子提供传导路径。1976 年，Goodenough 等人首次报道了用 Si 部分取代 $NaM_2(PO_4)_3$（M＝Ge、Ti 或 Zr）中的 P 而获得 $Na_{1+x}Zr_2P_{3-x}Si_xO_{12}$。当 NASICON 中的 Na 被 Li 代替时，该材料保持其原始结构，可获得 NASICON 型锂离子固态电解质。

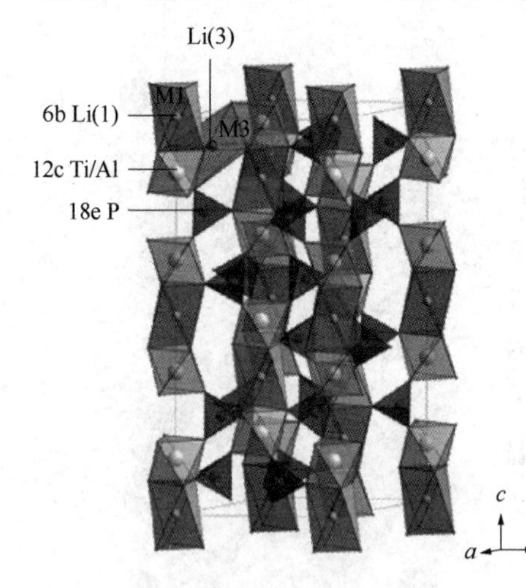

图 2-2　NASICON 型 $Li_{1+x}Al_xTi_{2-x}(PO_4)_3$ 的晶格结构示意

目前，多数 NASICON 型锂离子电池固态电解质来源于 $LiTi_2(PO_4)_3$ 和 $LiGe_2(PO_4)_3$ 母晶格。四价 M 离子如 Ti^{4+} 和 Ge^{4+} 被三价阳离子如 Al^{3+}、Ga^{3+}、Fe^{3+} 等部分取代，有望提高电解质的锂离子电导率。如图 2-2 所示，通过掺杂 Al 元素部分替代 $LiTi_2(PO_4)_3$ 和 $LiGe_2(PO_4)_3$ 中的 Ti 和 Ge，可得到室温离子电导率高达 10^{-4}～10^{-3} S/cm 的 $Li_{1+x}Al_xTi_{2-x}(PO_4)_3$（LATP）和 $Li_{1+x}Al_xGe_{2-x}(PO_4)_3$（LAGP）。同时，通过在热处理过程中添加包括 Li_3BO_3、Li_3PO_4、$LiNO_3$ 等低熔点锂盐，这些锂盐可作为烧结助剂有助于在 NASICON 型固态电解质的晶界处形成低熔点相，提高电解质的致密度，降低锂离子在晶界处的迁移阻力，有效提升锂离子电导率。NASICON 结构固态电解质具有对空气稳定性高，以及电化学窗口宽等优点。但是，目前这类材料电化学稳定性较弱，含有 Ti^{4+} 的 LATP 很容易被低电位电极材料还原；而含有 Ge^{4+} 的 LAGP 稳定性稍好，不过在与金属锂负极直接接触后也会发生不可逆反应，限制了这类电解质材料在锂金属固态电池中的实际应用。

(3) 钙钛矿型固态电解质

钙钛矿型材料的结构通式可用 ABO_3表示，其中 A = Ca、Sr 或 La 等，B = Al 或 Ti 等。在钙钛矿型材料的结构中，B 位离子和氧离子构成 BO_6八面体结构，B 离子占据氧八面体的中心位置，而配位数为 12 的 A 位离子则占据立方体结构中心。1987 年，Brous 等人通过用三价稀土离子 La^{3+}和一价碱金属阳离子(如 Li^+或 Na^+)共同取代 A 位的二价碱金属元素，首次合成了钙钛矿结构的锂离子电解质材料 $Li_{0.5}La_{0.5}TiO_3$。1993 年，Inaguma 等人通过调控锂的取代含量制备了 $Li_{3x}La_{2/3-x}\square_{1/3-2x}TiO_3$(□，空位)。其中，氧离子和钛离子构成 TiO_6八面体结构，由于 Li^+和 La^{3+}共同占据由共顶点的 TiO_6八面体组成的钙钛矿骨架中的 A 位点，而 La 元素由于半径大、化合价高，提高了空位浓度，允许锂离子在骨架中通过离子-空位跃迁机制进行有效迁移，从而获得高体相离子电导率(10^{-3}S/cm)，因而受到研究者的广泛关注。

$Li_{3x}La_{2/3-x}\square_{1/3-2x}TiO_3$固态电解质常见的晶体结构包括四方相结构(P4/*mmm* 空间群)和立方相结构(P*m*3*m* 空间群)，两种结构的锂含量对应于 $0.06<x<0.15$。其中，立方相结构对应于材料的高温有序相，晶格中 A 位的 La^{3+}、Li^+和空位均呈现随机分布状态。四方相结构对应于材料的低温有序相，其晶体结构如图 2-3 所示，晶格中 A 位的离子有序排布，形成交替堆叠的富 La 层和贫 La 层。富 La 层和贫 La 层沿 c 轴方向交替排列，以 c 轴方向相邻的两个立方单胞合成为新的四方单胞，因此可以检测到相对的晶格畸变。在四方相结构中，富 La 层阻碍了 Li^+的迁移，因此，Li^+主要在贫 La 层的二维平面内传输。

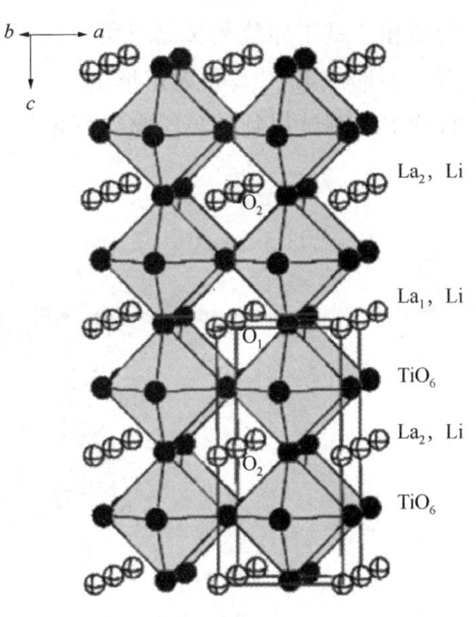

图 2-3 钙钛矿型四方相 $Li_{3x}La_{2/3-x}\square_{1/3-2x}TiO_3$的晶格结构示意

尽管 LLTO 具有室温本体离子电导率高、热稳定性好、原材料成本低等应用潜力，但是，与 NASICON 型 LATP、LAGP 固态电解质材料面临的问题相似，由于其结构中含有 Ti^{4+}，LLTO 同样也面临被金属锂负极还原，最终导致其电导率发生变化的问题。因此，如何对这类电解质材料进行界面修饰和调控，使其能够与金属锂负极匹配时具有更高的界面稳定性是未来研究的重点。

(4) 反钙钛矿型固态电解质

反钙钛矿构型电解质的化学通式为 $Li_{3-2x}M_xOY$(其中 M 代表 Mg、Ca 等阳离子，Y 代表 Cl、I 等卤素元素)。目前研究最多的反钙钛矿型固态电解质构型为 Li_3OCl，该电解质结构简单，制备成本低，具有较高的室温离子电导率，较宽的电化学稳定窗口，以及优良的对锂稳定性。其晶体结构如图 2-4 所示，Li_3OCl 结构中八面体中心被氧原子占据，八面体顶点由 Li^+ 占据，形成一种显著的富锂结构。通过计算研究表明：反钙钛矿 Li_3OCl 中单个锂空位沿八面体棱边迁移，迁移势垒为 0.367eV，小于八面体顶点跳跃的 1.021eV。目前采取高价阳离子掺杂的方式来增加晶格中的空位，从而增多材料的锂离子传输通道，以达到进一步提升反钙钛矿型固态电解质离子电导率的目的。反钙钛矿型固态电解质材料的空气稳定性较差，主要是由于空气中的水分会诱发电解质发生反应，形成低离子电导的新相。基于原位测试结果可以得出，Li_3OCl 反钙钛矿型固态电解质在空气中暴露后会形成 Li_2CO_3 和无定形的 $LiCl \cdot xH_2O$，后者具有较高的电子电导率，使得常规 EIS 测试得到的离子电导率偏高，不能反映材料本征离子电导率。

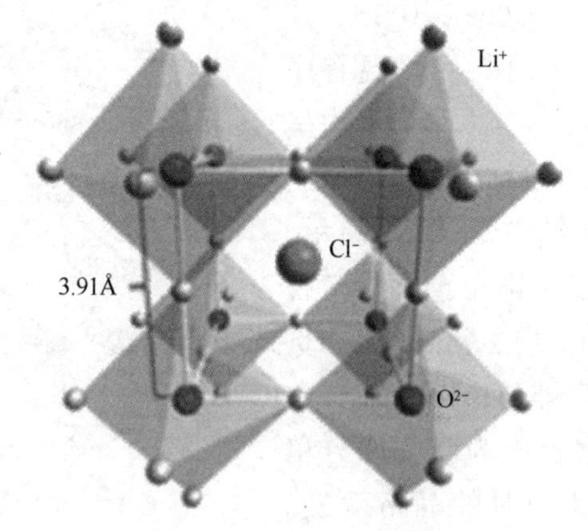

图 2-4 Li_3OCl 反钙钛矿型固态电解质的晶格结构示意

(5) 石榴石型固态电解质

石榴石结构固态电解质可以用化学通式 $A_3B_2(XO_4)_3$ 表示，其中 A = Ca、Mg、Y、La 或其他稀土元素等，B = Al、Fe、Ga、Ge、Mn、Ni 或 V 等；X = Si、Ge、Al 等。如图 2-5 所示，其中 A、B 和 C 分别位于具有八配位、六配位和四配位的阳离子位置。2003 年，Thangadurai 和 Weppner 首次制备了新型石榴石型过渡金属氧化物锂离子导体 $Li_5La_3M_2O_{12}$ (M = Nb 或 Ta) 和 $Li_6ALa_2M_2O_{12}$ (A = Ca、

Sr 或 Ba；M=Nb 或 Ta）。这两种化合物是同构的，离子电导率分别为 10^{-5}S/cm 和 10^{-6}S/cm，而且活化能均小于 0.6eV。随后，他们又报道了一种含锆的立方相锂离子导体 $Li_7La_3Zr_2O_{12}$（LLZO），其离子电导率为 3×10^{-4}S/cm，其中本体电导率与总电导率在同一数量级。这种电解质与金属锂接触时较其他类型的电解质更为稳定，因此，石榴石型立方相 LLZO 电解质是目前被认为较有前景的电解质材料之一。石榴石型结构电解质的锂离子电导率受众多因素影响，其中锂离子浓度、锂配位环境、晶体结构和晶界占主导地位。研究表明：较高的锂离子浓度有利于得到较高的锂离子电导率，从 Li_3 到 Li_7-Garnet 锂离子电导率的变化可以有效印证这一结论。如在 Li_3-Garnet 体系中，Li 离子全部位于间隙空间最小的 24*d* 四面体位点，由于 Li-O 键较强而 Li-Li 间距较远，因此锂离子很难在四面体中迁移；而在 Li_5 到 Li_7-Garnet 体系中，多余的 Li 离子会占据八面体间隙位置，而八面体间隙较大，锂离子容易迁移，因此占据八面体间隙位置的 Li 离子比四面体位点的 Li 离子更容易实现离子的传输，且八面体间隙位置的 Li 离子数目与材料的锂离子电导率直接相关。Li_7-Garnet 体系存在两个亚型，分别为 $Ia3d$ 空间群中锂离子排列完全无序的立方相 LLZO 和 $I4_1/acd$ 空间群中锂离子排列完全有序的四方相 LLZO。与四方相 LLZO 相比，立方相 LLZO 具有更高的对称性和更多的锂空位，锂离子电导率高出 1~2 个数量级。目前常见的方法是通过掺杂高价阳离子来扩大锂离子通道，增加锂离子空位浓度进而稳定立方相结构。其中，Al、Ta、Nb 等元素掺杂有望进一步提高石榴石型氧化物固态电解质的致密度并降低晶界阻抗，提高锂离子电导率。

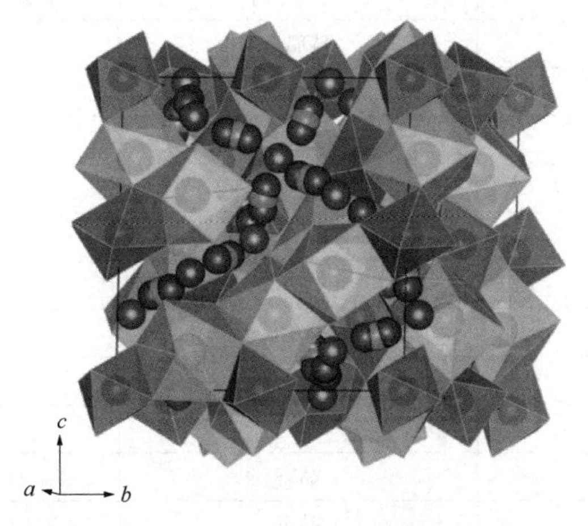

图 2-5 石榴石型 $Li_7La_3Zr_2O_{12}$的晶格结构示意

2.1.2 硫化物固态电解质

在众多固态电解质材料中，硫化物固态电解质离子电导率在室温下可高达10^{-2}S/cm，其高离子电导率被认为是较具潜力应用于高能量密度锂离子电池的电解质之一，因此是近年来最具产业化潜力的固态电解质材料。由于S^{2-}比O^{2-}半径大，极化率大，能够造成晶格畸变形成尺寸更大的离子传输通道；同时，由于S的电负性比O低，对Li^+的束缚能力较弱，有利于Li^+在骨架结构中快速迁移。因此，硫化物固态电解质比氧化物固态电解质的室温离子电导率更具优势。另外，硫化物电解质机械延展性高，相比于氧化物固态电解质具有良好的柔韧性，机械性能优良，只需在冷压条件下即可制备相对致密度高的电解质块体，简化固态电池的组装。硫化物电解质制备工艺简单，玻璃态硫化物电解质一般采用高能球磨法即可获得，晶态硫化物电解质的高温热处理温度远低于氧化物固态电解质，这有助于其工业化生产。最后，由于硫化物电解质质地较软，柔韧性好，因此与电极材料界面能够保持良好的接触。

基于以上优点，硫化物电解质被认为是目前固态电解质中较具应用潜力的电解质材料之一。按照晶体形态分类，常见的硫化物固态电解质主要包括晶态硫化物电解质、玻璃态硫化物电解质，以及玻璃-陶瓷态硫化物电解质。表2-1所示为常见的硫化物固态电解质的类别及其室温离子电导率。

表2-1 常见的硫化物固态电解质的类别及其室温离子电导率

组　成	类　别	室温离子电导率/(S/cm)
$70Li_2S-30P_2S_5$	玻璃态	5.4×10^{-5}
$75Li_2S-25P_2S_5$	玻璃态	2.0×10^{-4}
$80Li_2S-20P_2S_5$	玻璃态	1.7×10^{-4}
$70Li_2S-29P_2S_5-1P_2O_5$	玻璃-陶瓷态	8.0×10^{-4}
$Li_{10}GeP_2S_{12}$	晶态	1.2×10^{-2}
$Li_{10}SiP_2S_{12}$	晶态	2.3×10^{-3}
$Li_7P_3S_{11}$	玻璃-陶瓷态	3.2×10^{-3}
Li_3PS_4	晶态	1.6×10^{-4}
$Li_7P_2S_8I$	晶态	6.3×10^{-4}
$Li_{3.25}P_{0.95}S_4$	晶态	1.3×10^{-4}
Li_6P_5SBr	晶态	1.33×10^{-3}
$Li_{9.54}Si_{1.74}P_{1.44}S_{11.7}Cl_{0.3}$	晶态	2.5×10^{-2}

(1) 晶态硫化物固态电解质

与玻璃态硫化物固态电解质相比，晶态硫化物固态电解质材料具有良好的锂离子传输通道，其室温离子电导率较高，综合性能相对优异。常见的晶态硫化物固态电解质主要包括硫银锗矿电解质、硫代-LISICON(thio-LISICON)电解质及$Li_{10}GeP_2S_{12}$(LGPS)等体系。

硫银锗矿型(Argyrodite)硫化物电解质主要包括Li_7PS_6体系、Li_6PS_5X(X=Cl、Br、I)体系及$Li_7Ge_3PS_{12}$体系，其中Li_6PS_5X硫化物电解质具有较高的离子电导率和较宽的电化学窗口，制备工艺简单，因此引起研究者的广泛关注。Prasada Rao 等人通过中子衍射研究了硫银锗矿型电解质材料在不同热处理温度下的晶相变化，结果显示，在80~150℃时形成了低离子电导率的Li_7PS_6晶相。进一步通过调控热处理温度，最终在适当的温度条件下获得室温离子电导率高达1.1×10^{-3}S/cm 的Li_6PS_5Cl结晶相。由此可见，热处理工艺的调控对于获得高离子电导率的物相至关重要。Li_6PS_5X电解质材料的制备方法较为简单，一般是通过高能球磨及高温热处理后获得的。采用溶液法也可制备硫银锗矿型电解质材料，Nazar 等人以四氢呋喃和无水乙醇作为溶剂，以溶液法制备的Li_6PS_5X(X=Cl 或 Br)电解质也具有较高的离子电导率，其性能与固相合成法制备的类似物几乎相同。

Kanno 等人基于 LISICON 型氧化物固态电解质的研究，用离子半径更大、极化性能更强、电负性更低的S^{2-}代替O^{2-}，首次获得离子电导率高达2.2×10^{-3}S/cm 的晶态 thio-LISICON 型固态电解质$Li_{3.25}Ge_{0.25}P_{0.75}S_4$。thio-LISICON 硫化物电解质的结构通式为$Li_{4-x}A_{1-y}B_yS_4$(A=Si 或 Ge 等；B=P、Al、Zn、Ga 或 Sb 等)，主要包括Li_2ZrS_3、Li_2GeS_3、Li_4GeS_4、Li_5GaS_4和$Li_{4-x}Ge_{1-x}P_xS_4$。通过异价元素取代可进一步提高 thio-LISICON 硫化物固态电解质的离子电导率。在室温条件下，Li_4GeS_4的离子电导率仅为2.0×10^{-7}S/cm，采用Ga^{3+}取代Ge^{4+}获得$Li_{4.275}Ge_{0.61}Ga_{0.25}S_4$电解质的室温离子电导率可达到$6.5\times10^{-5}$S/cm。此外，Kanno 等人进一步采用$P^{5+}$取代$Ge^{4+}$获得 thio-LISICON 型的$Li_{4-x}Ge_{1-x}P_xS_4$($0<x<1.0$)。其 X 射线衍射图谱如图 2-6 所示，不同 thio-LISICON 组成的$Li_{4-x}Ge_{1-x}P_xS_4$电解质可分为 3 个物相区域：即为区域Ⅰ($0<x\leqslant0.6$)，区域Ⅱ($0.6<x\leqslant0.8$)，区域Ⅲ($0.8<x<1.0$)。其中区域Ⅱ对应的 thio-LISICON 相具有单斜超晶格结构，可以展现出较高的室温离子电导率($>10^{-3}$S/cm)。

Kamaya 等人通过成功制备硫化物电解质$Li_{10}GeP_2S_{12}$(LGPS)，其离子电导率在室温下高达1.2×10^{-2}S/cm，是第一个离子电导率与液态电解质水平相当的固态电解质，其电化学窗口高达 5V 以上，活化能仅为 0.25eV，因此引起极大关注。LGPS 的超高离子电导率源于其独特的晶体结构，如图 2-7 所示，其晶体结构三维骨架由[$(Ge/P)S_4$]四面体、[PS_4]四面体、[LiS_4]四面体和[LiS_6]八面体构成，由于[$(Ge/P)S_4$]四面体和[PS_4]四面体以共边的形式沿着 *c* 轴构成一维(1D)链，链与链之间又通过[PS_4]四面体以共顶点的方式相连，Li^+在[LiS_4]正四面体中 16h 与 8f 位点中沿着 1D 通道传输，通过中子衍射表明，Li^+在 16h 与 8f 位点中的热振动表现出高度的各向异性，这决定了 Li^+在传导过程中是由 16h 与 8f 位点迁移至 16h 之间，以及 16h 与 8f 之间，形成了可以快速迁移的三维锂离子传输通道，因此该电解质具有较高的锂离子电导率。

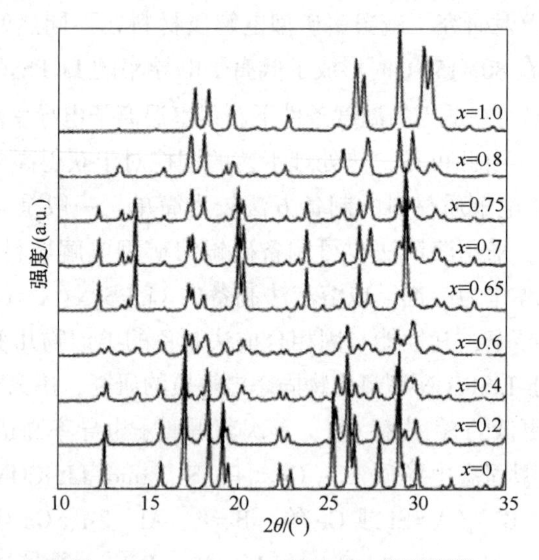

图 2-6　$Li_{4-x}Ge_{1-x}P_xS_4$ 的 XRD 衍射图谱

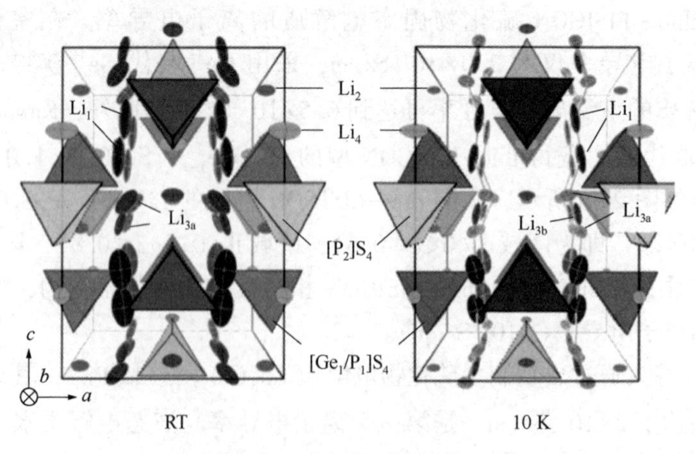

图 2-7　$Li_{10}GeP_2S_{12}$ 的晶格结构示意

采用阳离子掺杂取代可以进一步提高 LGPS 晶型电解质的离子电导率。研究者用 Si、Sn 或 Al 等金属阳离子对电解质中的 Ge 元素进行取代，用 O 或 Se 等阴离子对电解质中的 S 元素进行部分取代，在一定程度上改善了硫化物电解质的电化学性能。Ong 等人通过第一性原理计算 $Li_{10\pm1}MP_2X_{12}$（M=Sn、Al、Si 或 Ge 等；X=O、S 或 Se 等），详细分析了元素掺杂后电解质的相稳定性、电化学稳定性及锂离子电导率，这些计算结果对后续的研究工作起到很好的启发作用。Kato 等人制备了 $Li_{9.54}Si_{1.74}P_{1.44}S_{11.7}Cl_{0.3}$（LSiPSCl）和 $Li_{9.6}P_3S_{12}$ 两种新型的硫化物电解质，两者都具有 LGPS 型晶体结构，前者室温离子电导率可高达 25mS/cm，是 $Li_{10}GeP_2S_{12}$ 电解质的 2 倍，可与液态电解液相媲美，是目前离子电导率较高的锂离子固体电解质之一。$Li_{9.6}P_3S_{12}$ 电解质离子电导率相对较低，与 $Li_{9.54}Si_{1.74}P_{1.44}S_{11.7}Cl_{0.3}$ 电解质相比，具有较高的电化学稳定性。

图 2-8(a)所示为几种常见的硫化物固态电解质的阿伦尼乌斯曲线。可以看出，$Li_{9.54}Si_{1.74}P_{1.44}S_{11.7}Cl_{0.3}$ 电解质的离子电导率最高，其晶体结构如图 2-8(b)所示，其中 $M(4d)X_4$ 和 $Li(4d)X_6$ 通过边角连接构建一维链，这些链段由 $P(2b)X_4$ 四面体连接，组成三维框架结构。结合 Li 的各向异性热位移和核密度分布[见图 2-8(c)]，表明由于 $Li_{9.54}Si_{1.74}P_{1.44}S_{11.7}Cl_{0.3}$ 电解质的晶体结构具备三维锂离子传导通道，因此该电解质材料具备极高的离子电导率。

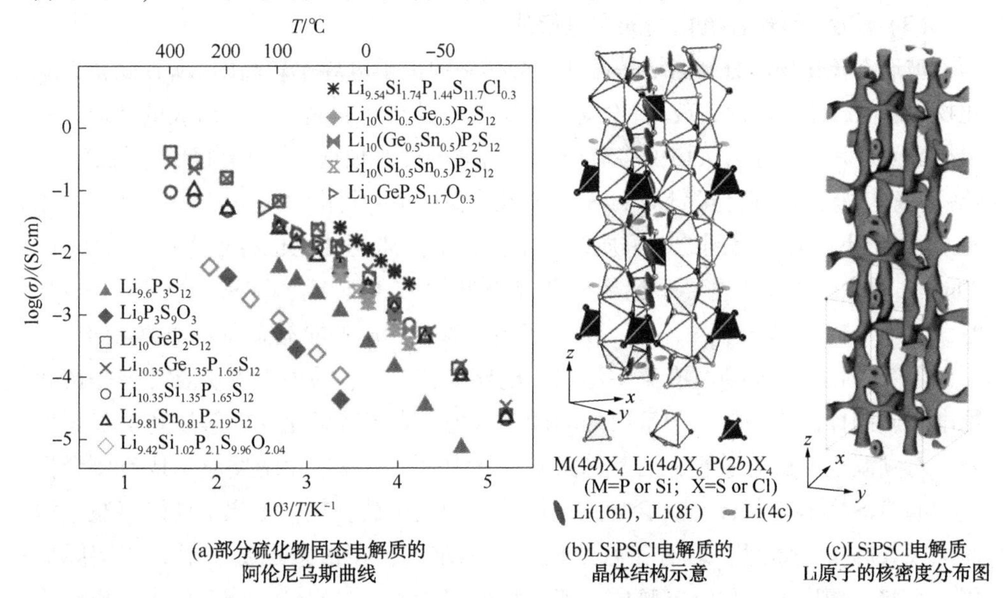

图 2-8 LSiPSCl 电解质的离子电导率、晶体结构示意图及 Li 原子的核密度分布图

(2) 玻璃态硫化物固态电解质

非晶态硫化物固态电解质由于没有晶体通道，锂离子的传输路径是各向同性的，这使得锂离子的传输通道得以扩大，离子传输更容易，有利于获得较高的锂离子电导率。玻璃态硫化物固态电解质组分可在较宽的范围内连续变化，其热稳定性好、安全性高、电化学稳定性好，在高低温固态锂电池中的应用优势非常明显，是一种极具应用潜力的固态电解质材料。

其中，二元硫化物 Li_2S-M_xS_y(M=Al、Si 或 P 等)是一种研究非常广泛的玻璃态电解质，室温离子电导率为 10^{-4}~10^{-3}S/cm。其电解质组成简单，电化学稳定窗口较宽，具有较高的锂离子电导率，是一种有望实现产业化的硫化物固态电解质材料。其制备方法包括机械球磨法和高温熔融后快速冷却法。研究发现，机械球磨时间对二元硫化物锂离子电导率影响较大，Tatsumisago 等人通过机械球磨法合成玻璃态电解质 $60Li_2S$-$40SiS_2$，当球磨时间为 7h、测试温度为 1000℃时，其锂离子电导率提高了近 4 个数量级。机械球磨会使两种材料的化学键逐渐断裂，然后重新结合形成新的化学键，降低了锂离子迁移的能量势垒，从而提高了锂离子电导率。此外，也可通过掺杂改性、组分调控等技术手段提高其锂离子电导率，例如，通过将卤化锂盐掺入 $70Li_2S$-$30P_2S_5$ 玻璃电解质中，可进一步提高其室温离子电导率。

(3) 玻璃-陶瓷态硫化物固态电解质

玻璃态硫化物部分高温结晶处理后可得到锂离子电导率较高的玻璃-陶瓷态硫化物固态电解质，因此，玻璃-陶瓷电解质是由晶态和非晶态共同组成的。通过高温析晶处理和高能球磨法均可将玻璃态电解质转变为玻璃-陶瓷电解质。目前，玻璃-陶瓷电解质的研究主要针对 Li_2S-P_2S_5 及类似体系，其化学式为 xLi_2S-$(100-x)P_2S_5$，x 取值不同时，得到的电解质组分不同，电解质的性能也有很大差异。当 $x<70$mol%时，生成离子电导率比相应非晶态低的 $Li_4P_2S_6$ 或 Li_3PS_4；当 $x>70$mol%时，生成 LiP_3S_{11} 或 $Li_{3.25}P_{0.95}S_4$，其离子电导率比相应的非晶态高两个数量级。

尽管硫化物电解质具有高室温离子电导率、柔软、易加工等优点，但是硫化物电解质同样面临一些亟须解决的问题。首先，大多数硫化物电解质化学稳定性差，对潮湿空气极为敏感，当其暴露于空气中时，会发生化学反应生成有刺激性气味的 H_2S 等有毒气体。这会导致电解质结构完全被破坏，电化学性能衰减，因而加大其制备、储存、运输和后处理的工艺难度，在很大程度上限制了实际应用。其次，相比于氧化物电解质，硫化物电解质的原材料如 Li_2S、GeS_2、SnS_2 等价格昂贵，导致硫化物电解质价格成本较高，严重阻碍其产业化进程。最后，虽然硫化物电解质表现出更好的柔韧性和更低的晶界阻抗，但是由于其化学、电化学稳定性较差，使其在与正、负极材料匹配时存在诸多界面反应问题。同时随着电池充/放电循环过程的进行，正、负极材料体积不断地膨胀收缩，也会造成硫化物电解质与电极材料之间的界面接触问题，导致固态电池循环性能的恶化。

2.1.3 卤化物固态电解质

卤化物固态电解质具有室温离子电导率高、易于冷压成型等特点，同时电化学稳定窗口较宽，可以稳定匹配高电压氧化物正极材料，因而受到广泛关注。卤化物固态电解质主要包括金属卤化物固态电解质（Li_aMX_b，M 为金属元素，X=F、Cl、Br 或 I）和非金属卤化物固态电解质。按照卤化物固态电解质 Li_aMX_b 中 M 元素的类别，可将卤化物电解质分为四类：第一类是 M 为ⅢB 族金属元素（M=Sc、Y 或 La-Lu）的卤化物固态电解质；第二类是 M 为ⅢA 族金属元素（M=Al、Ga 或 In）的卤化物固态电解质；第三类是 M 为其他二价金属元素（M=Ti、V、Cr、Mn、Fe、Co、Ni、Cu、Zn、Cd、Mg 或 Pb）的卤化物固态电解质；第四类是 M 为非金属元素（如 N、O 或 S 等）的卤化物固态电解质。

金属卤化物固态电解质相对于硫化物电解质材料表现出较强的空气稳定性，电化学窗口较宽，与氧化物正极材料的相容性高。典型的 M 为ⅢB 族金属元素的卤化物固态电解质包括六方密实堆积结构（hcp）的 Li_3YCl_6（空间群 P-3m1）和立方密实堆积结构（ccp）的 Li_3YBr_6（空间群 C2/m）。六方密实堆积结构卤化物固态电解质的制备方法比较简单，可通过机械球磨法获得较高离子电导率的电解质，直接或者后续烧结会使其离子电导率下降，如 Li_3YCl_6 和 Li_3ErCl_6。而对于高电导率立方密实堆积结构卤化物固态电解质则需通过高温烧结等方法制备高离子电导率材料，如 Li_3YBr_6。M 为ⅢA 族金属元素的卤化物固态电解质主要包含三类：Li-Al-X、Li-Ga-X、Li-In-X（X=F、Cl、Br 或 I）。其中，Li-In-X 体系，尤其是 Li-In-Br 体系的卤化物固态电解质在早期研究较多，取得了一系列进展。孙学良教授课题组首次发现 $Li_3InCl_6 \cdot 6H_2O$ 的配合物，抑制了 $InCl_3$ 在热解过程中 In-O-Cl 杂质的生成，成功地从水相中合成出 Li_3InCl_6。该方法可以成功地用于公斤级电解质的生产。但是，该方法只限于合成 Li_3InCl_6，对于其他的卤化物电解质（如 Li_3YCl_6 等）并不能从水相中直接合成，其原因在于水相合成中产生的中间体-水合卤化物（$MX_3 \cdot nH_2O$）在热解过程中极易变成 M-O-Cl 杂质，因此从水相合成卤化物固态电解质极具挑战性。M 为二价金属元素的卤化物固态电解质，按照晶型结构可分为尖晶石结构、橄榄石结构、扭曲结构和 Suzuki 结构。这类固态电解质的室温离子电导率最高仅能达到10^{-5}S/cm，可通过调节晶体结构内部锂空位及锂离子浓度来提升锂离子电导率。非金属卤化物固态电解质也可表现出较高的室温离子电导率，主要包括两类：一类为反钙钛矿电解质，也可视为卤化物固态电解质，包括Li_3OX、Li_2OHX和其对应化合物等，室温离子电导率可达到2×10^{-3}S/cm。另一类通式为LiNX(X=Cl、Br或I)，这类卤化物固态电解质的室温离子电导率较低，小于10^{-6}S/cm，电化学窗口较窄，不足2.5V，离实际应用尚有一定的距离。

2.2 聚合物固态电解质

聚合物固态电解质(solid polymer electrolyte，SPE)也称离子导电聚合物，主要是由不同锂盐(如$LiClO_4$、$LiPF_6$、$LiBF_4$或LiTFSI等)与聚合物基体(如聚丙烯腈、聚氧乙烯、聚偏氟乙烯、聚甲基丙烯酸甲酯等)进行复合而形成的离子导电聚合物。聚合物固态电解质的研究工作比无机固态电解质要晚，最早可以追溯到20世纪70年代。1973年，Wright等人首次发现聚环氧乙烷(PEO)与碱金属盐混合体系具备一定的离子电导率，并由此开辟固态电化学一个新的方向。1978年，Armand等人提出将PEO聚合物电解质用于电池并且第一次提出固态电解质的猜想。近年来，越来越多的研究者们陆续报道聚合物电解质的实验成果，研究内容主要集中在锂离子传导机制、新型聚合物电解质体系的拓展、电极与电解质界面相容性等问题。与传统有机电解液和无机固态电解质相比，聚合物本身的黏弹性和柔韧性赋予其良好的界面接触性能，其良好的可加工性使其更容易满足各种电子产品对于电解质尺寸和形状的要求。聚合物固态电解质与电极间界面阻抗小，在充/放电过程中，其形状变化可以在一定程度上缓解电极材料的体积变化。另外，聚合物固态电解质具有黏弹性好、质量较轻、成本低及机械加工性能优良等特点，适合规模化生产。基于此，聚合物固态电解质引起广泛关注。

聚合物固态电解质的基体一般具有以下特征：①聚合物链段上应包含极性官能团：如—O—、—S—、—N—、═O等，这些极性官能团有助于锂盐的解离，起到促进传输锂离子的作用；②聚合物表面的原子和原子团应具有较强的给电子能力，使离子与聚合物链段的极性基团更容易发生配位；③聚合物应具有能使锂离子发生迁移运动的通道，同时链段应有助于运动的高柔顺性和低的键旋转能垒；④聚合物基体应具有较好的热稳定性和机械稳定性，可在一定程度上抑制锂枝晶生长，同时易于加工。常用的聚合物固态电解质按照官能团种类可分为聚醚类、聚腈态类、聚酯类及聚硅氧烷类等。

2.2.1 聚醚类固态电解质

聚醚类聚合物含有—C—O—C—基团，主要包括聚环氧乙烷(PEO)及聚环氧丙烷(PPO)等。其中研究最为广泛且已经实现商业应用的是 PEO 聚合物。PEO 价格低廉且对环境友好，分子链段具有良好的柔韧性，溶解锂盐的能力强，是最具代表性的聚合物固态电解质基体。PEO 聚合物电解质是最早实现实际应用的固态电解质，法国博洛雷公司早在 2011 年开始投产基于 PEO 聚合物电解质体系的全固态锂电池 Autolib 电动车。如图 2-9 所示，在 PEO 聚合物电解质体系中，基于路易斯酸碱理论，锂离子或其他阴阳离子可与聚合物上的极性位点发生配位，随着无定形聚合物链在自由体积空间内摆动而产生的推动力作用下，相邻配位点上的阴阳离子反复地发生解离、跳跃及再配位，并在外部电场的作用下形成定向移动，这就是离子在 PEO 聚合物电解质中的传导过程。离子的传输主要发生在聚合物链非晶相中，在温度高于聚合物的玻璃转化温度(T_g)时将有利于离子传输，而在低于 T_g时，将不利于离子传输。然而，单一 PEO 基聚合物在室温条件下具有很高的结晶性，晶体区域会严格限制聚合物链段的运动，造成锂离子迁移困难，从而导致室温离子电导率很低($\sigma<10^{-5}$S/cm)，仅在温度高于玻璃转化温度(60℃)时才能正常工作，并需要完备的电池管理系统。同时，PEO 的氧化还原电位仅为 3.8V(*vs.* Li/Li^+)，很难与高能量密度正极材料匹配。因此，PEO 聚合物电解质的研究重点是采用共混、共聚、交联，以及添加无机陶瓷填料等改性手段降低 PEO 的结晶度。

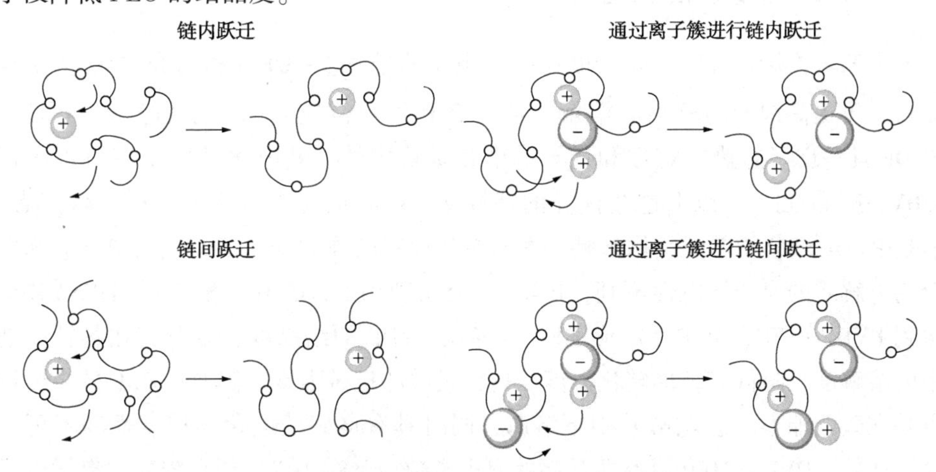

图 2-9 锂离子在 PEO 链段运动的机制示意

2.2.2 聚腈类固态电解质

聚腈类材料具有良好的耐氧化性，介电常数较大，能够快速解离锂盐，同时可抑制正极材料中过渡金属氧化物的溶出，是具备应用优势的一类聚合物电解质材料。聚腈类固态电解质包括聚丙烯腈(PAN)、聚氰基丙烯酸乙酯(PECA)等。其中，PAN 基聚合物电解质首次在 1980 年被 Watanabe 和 Abraham 发现。其分子链段含有极性斥电子官能团腈基—CN，与 PEO 相比，PAN 具有较高的热稳定性、阻燃性和耐氧化性，其介电常数较高，与锂盐有较好的络合能力。PAN 基电解质的抗氧化电位使其能够匹配高电压正极材料以实现高能量密度，因此是一种具有应用潜力的聚合物电解质基体。但是其室温离子导电能力有限，材料质地硬且脆，机械性能和成膜性较差。为改善其机械性能，获得自支撑结构的 PAN 基电解质膜，Ramesh 等人通过溶液浇铸法将聚氯乙烯(PVC)与 PAN 共混。当添加质量分数 30%的 LiTFSI 时，该聚合物电解质在室温下表现出最高的离子电导率(4.39×10^{-4}S/cm)，同时在 315℃时仍表现出良好的热稳定性，因此，采用共混等改性方法可扩展 PAN 基聚合物电解质的实际应用范围。此外，PAN 与锂金属负极之间的界面不稳定，是其应用于锂金属固态电池中需要解决的问题。因此，聚腈类材料一般作为复合固态电解质的骨架结构，或者与其他官能团材料共聚，以此改善其机械性能和对金属锂不稳定等问题。

2.2.3 聚偏氟乙烯固态电解质

聚偏氟乙烯(PVDF)具有很强的斥电子官能团($—CF_2$)和高介电常数($\varepsilon\approx$ 8.4)，可提高锂盐的解离和溶解，从而有利于获得较高的离子电导率。同时，PVDF 具备良好的热稳定性和优异的电化学稳定性，其电化学稳定窗口可高达 5.0V(*vs.* Li/Li^+)。以上这些优异的特性使 PVDF 成为聚合物电解质中候选者。但是 PVDF 聚合物单元结构规整，意味着其拥有较高的结晶度，这对 PVDF 基聚合物电解质的离子导电性不利。Bellcore 公司利用 PVDF 和六氟丙烯(HFP)共聚得到 PVDF-HFP，其中无定形 HFP 可降低 PVDF 的结晶度，改善其在各种溶剂中的溶解度，降低其玻璃转化温度，提供足够的机械强度。PVDF-HFP 的主要特点是在碳酸酯类液态电解质中不溶解，同时具有良好的电化学稳定性和不可燃性。此外，PVDF-HFP 具有非常高的介电常数($\varepsilon=8\sim10$)，具有较高的离子电导率、耐热性、韧性和机械性能，是一种较为理想的聚合物基体，近年来该体系聚合物电解质日益受到广泛的重视。

2.2.4 聚酯类固态电解质

聚酯类材料的耐氧化性相比于聚醚类略有提高，这类材料具有一定的价格优势，但与聚丙烯腈类材料相同，其玻璃化转变温度较高，质地较硬且脆，不易于成膜。室温下对锂盐的溶解能力较弱，不适合单独作为电解质基体材料。其中，聚甲基丙烯酸甲酯(PMMA)是一种轻质透明的聚合物，俗称有机玻璃、亚克力，被广泛应用于光学仪器中的光学滤镜、电子微显示器、超级电容器等领域，是通过 MMA 单体和二甲基丙烯酸双官能团单体的聚合反应制备而来的。聚酯类材料具备较强的吸液能力，大多作为凝胶电解质的骨架结构，或以 MMA 单体与其他官能团共聚以改善其机械性能。

2.2.5 聚硅氧烷类固态电解质

聚硅氧烷类的重复单元由硅氧键(—Si—O—Si—)组成，硅氧键结构稳定，因此材料的热稳定性和化学稳定性高，同时分子结构设计性强，易于合成，因此聚硅氧烷类也是一种极具发展潜力的聚合物电解质材料，是目前研究的热点之一。聚硅氧烷链段运动能力较强，作为主链结构可降低材料的玻璃化转变温度，有利于提高锂离子的传导。缺点是机械性能较差，通常需要通过共混、接枝和交联等方法改善聚硅氧烷类固态电解质的性能。

除以上聚合物电解质外，基于其他聚合物基体的固态电解质也被大量研究，如聚碳酸丙烯酯(PPC)、聚乙二醇丙烯酸(PEGDA)等聚合物固态电解质也取得很大的进展。在聚合物固态电解质体系中，锂离子溶解在聚合物溶剂中，并随着聚合物链段的运动而迁移。游离的锂离子数量和聚合物链段的移动能力是锂离子传输快慢的主要影响因素，直接影响固态电池的电化学性能。但是由于存在如室温锂离子电导率低和高电压不稳定等问题，这些聚合物固态电解质尚且不能满足实际应用需求。因此，开发在室温下具有高离子电导率，同时具有良好的机械强度和稳定性，以及宽电化学窗口的新型聚合物基体十分迫切。

2.3 复合固态电解质

不同类型固态电解质体系的性能比较见表 2-2。

表 2-2　不同类型固态电解质体系的性能比较

电解质体系	无机固态电解质			聚合物固态电解质	复合固态电解质	电解液
	氧化物	硫化物	氮化物			
室温下电导率/(S/cm)	10^{-4}~10^{-3}	10^{-2}	10^{-6}~10^{-3}	10^{-5}	10^{-3}	10^{-2}
电化学窗口/V	4.5~12	5	5.5	4.5	>5	<5
Li^+迁移数	1	1	1	$\leqslant 1$	<1	<1
机械稳定性	高			较高	高	低
热稳定性	高			较高	较高	低
柔性	低			高	高	较高
阻抗	较高			高	较高	低
界面特性	高			较高	较高	低
安全性	高			较高	较高	低
能量密度/(W·h/kg)	150~400(金属锂负极)					150~200
功率密度/(W/kg)	低					高
结构	简单					复杂
成本	高					低

从表 2-2 中可以看出，不同类型固态电解质体系的性能各有特点，聚合物固态电解质具有良好的柔性，与电极材料接触良好，能够有效降低固态电池的界面电阻，但是由于自身强度较低，在充/放电循环过程中，形成的锂枝晶容易刺穿电解质导致电池内部短路。同时，聚合物固态电解质室温离子电导率和锂离子迁移数较低，无法满足室温下的实际应用需求。而无机固态电解质虽然表现出良好的离子电导率和机械性强度，但是与电极材料接触性能差，容易造成较大的界面电阻。为解决以上问题，复合固态电解质综合无机材料和有机高分子材料的物理属性和化学属性，是将无机固态电解质和聚合物固态电解质协同结合的一种新策略。其中，离子电导率很大程度上取决于单组分的无机和聚合物电解质，并且由于复合后产生更多的界面，因此需要设计、构建更好的界面结构来降低界面电阻。近年来，研究者已经设计和研究各种类型的层状和混合型有机-无机复合电解质，并且大多数已被证明可以有效地提高固态电解质的离子电导率及固态电池的性能。

2.3.1　层状复合固态电解质

由于无机固态电解质与电极材料之间存在固-固界面接触不良和界面稳定性差等问题，通常表现出较高的界面阻抗。尽管可通过引入少量液体电解质或对电极材料表面进行包覆等手段来降低界面电阻，但在界面处仍可能会有副反应发生。在电极和刚性的无机电解质之间引入一层柔软而稳定的聚合物电解质，构造具有“三明治”结构的复合固态电解质可以有效地缓解副反应的发生。

Tu 等人通过在微孔 PVDF-HFP 聚合物层之间压制高孔密度的纳米多孔 γ-Al_2O_3 片，开发一种“三明治”型复合结构电解质[见图 2-10(a)]，并获得令人满意的结果。Zhou 等人设计了一种基于交联聚乙二醇甲基丙烯酸甲酯(CPMEA)和 $Li_{1.3}Al_{0.3}Ti_{1.7}(PO_4)_3$(LATP)陶瓷电解质的“三明治”结构复合固态电解质，其中 CPMEA 聚合物电解质层位于两侧，陶瓷电解质层位于中间[见图 2-10(b)]。CPMEA 聚合物电解质层提高与电极之间的润湿性并抑制锂枝晶的成核，而 LATP 陶瓷层则可阻止阴离子迁移，从而减小双电层区域，抑制聚合物电解质的化学/电化学分解。与纯 CPMEA 的全固态 Li || $LiFePO_4$电池相比，基于 LATP 夹层的复合固态电解质在 0.6C 下循环 640 周后表现出 99.8%~100%的库仑效率，表明其优越的循环稳定性。

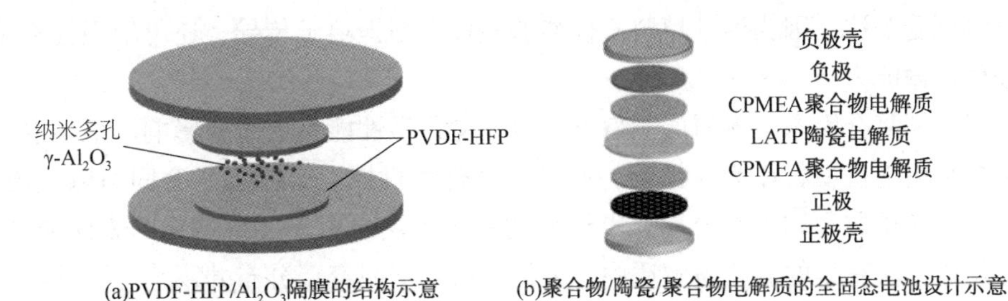

(a)PVDF-HFP/Al_2O_3隔膜的结构示意　(b)聚合物/陶瓷/聚合物电解质的全固态电池设计示意

图 2-10 “三明治”结构固态锂电池示意图

Kobayashi 等人通过静电喷涂法将 $LiMn_2O_4$正极材料沉积在 $Li_{0.41}La_{0.47}TiO_{2.91}$(LLTO)陶瓷电解质的一侧，另一侧修饰一层 PEO 基聚合物固态电解质。组装的全固态 $LiMn_2O_4$|LLTO/PEO|Li 电池在 60℃循环 50 周后，容量保持率超过 60%。另外，由 NASICON 型 $Li_{1.5}Al_{0.5}Ge_{1.5}(PO_4)_3$(LAGP)无机陶瓷电解质和 PEO 基聚合物电解质组成的层状复合电解质被成功地应用于锂硫电池中，有效地降低了界面电阻。同时，LAGP 陶瓷电解质层阻止了多硫化物的穿梭，从而抑制了正极中活性材料的损失和内部短路。电池表现出优异的电化学性能，几乎没有自放电现象，且在 0.5C 倍率下循环 300 周后仍有 700mA·h/g 的放电比容量(初始放电比容量为 725mA·h/g)。随后，John B. Goodenough 课题组又设计了一种由交联的聚环氧乙烷和 $Li_{6.5}La_3Zr_{1.5}Ta_{0.5}O_{12}$以及质量分数为 2%的 LiF 组成的复合电解质，同样在锂硫电池中表现出良好的库仑效率。Duan 等人在致密 LLZO 的负极侧修饰

一层超薄(7.5nm)的聚(乙二醇)甲基醚丙烯酸酯(PEGMEA)聚合物层，正极侧修饰5.4μm的柔软聚合物层，构建了一种非对称的复合固态电解质膜ASE。这种非对称结构的复合固态电解质既可阻止锂枝晶生长，又能够增强电解质与电极之间的界面接触。组装的Li|ASE|Li电池在3200h循环内表现出稳定电压平台。此外，利用ASE组装的$LiFePO_4$||Li电池在循环120周后具有94.5%的高容量保持率，且库仑效率超过99.8%。

2.3.2 混合型复合固态电解质

以聚合物电解质为离子传导基体，陶瓷颗粒填料为功能添加剂的混合型复合固态电解质近年来受到广泛关注。在早期的研究中，惰性填料如Al_2O_3、SiO_2、TiO_2等分散在聚合物基体中，以降低聚合物的结晶性。此类无机填料可促进聚合物链段的运动，能够将聚合物电解质的离了电导率提高1~2个数量级。相比于惰性填料，将聚合物和无机固态电解质如LAGP、LLZO、LLTO、LATP等活性填料复合更受关注，因为活性填料不仅能够直接参与锂离子传导，还可增强锂离子的表面传输能力。

混合型复合固态电解质的制备方法对其电化学性能具有重要影响。机械混合法主要采用无机填料作为支撑物，通过与聚合物机械混合制备复合固态电解质，因其工艺简单成为制备复合固态电解质的首选方法。由于无机填料的表面能高，在使用该方法获得的复合电解质中，无机填料趋于团聚，分布并不均匀，从而导致无机填料的作用降低。此外，无机填料团聚会在电解质中形成大量结晶的聚合物区域，导致聚合物与无机填料之间相互作用变弱，对复合电解质的综合性能产生不利影响。为解决这个问题，Lin等人通过有效控制原硅酸四乙酯在PEO中的原位水解，获得PEO单分散的超细SiO_2($MUSiO_2$)复合电解质(见图2-11)，$MUSiO_2$在PEO聚合物中具有更优的颗粒分布和单分散性，可显著降低PEO的结晶度，该复合电解质的室温离子电导率能够达到4.4×10^{-5}S/cm。这种原位合成的复合电解质的离子电导率比使用简单机械混合方法制备的复合电解质高一个数量级。

除了填料的分布均匀度外，无机填料的颗粒尺寸也对复合电解质的离子电导率有重要影响。理想情况下，纳米级无机填料比微米级填料在降低结晶度和界面电阻，以及提高与锂金属界面相容性方面效果更好。对于活性填料，可通过减小粒径来提高锂离子扩散通道，实现高离子电导率。如Zhang等人报道由纳米级LLZTO填料(40nm)制备的复合电解质在30℃时的离子电导率可超过10^{-4}S/cm，与采用微

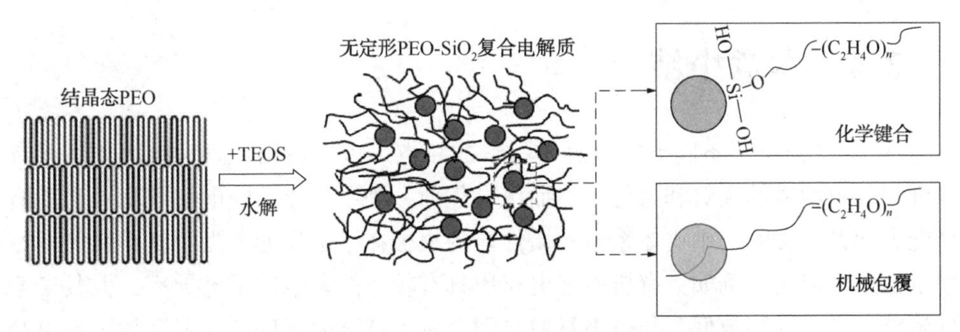

图 2-11 PEO 链与 $MUSiO_2$之间相互作用机理的示意

米级无机填料的复合电解质相比，其离子电导率提高了近 2 个数量级。Yamada 等人认为颗粒尺寸较小的无机填料可为复合电解质提供丰富的快速传导锂离子的界面，进一步促进锂离子传输，同时较大的比表面积也能增加离子传导路径。

无机填料的维度对复合电解质的离子电导率和电化学性能也有重要影响。Liu 等人利用静电纺丝法获得了 $Li_{0.33}La_{0.557}TiO_3$(LLTO)一维纳米纤维，并将质量分数为 15%的 LLTO 纳米纤维分散到 PAN-$LiClO_4$中，制备了一种新型的复合固态电解质。相对于孤立分布在聚合物基体的纳米颗粒，纳米纤维的加入可提供连续的三维网络离子传输通道(见图 2-12)。同时，由于 LLTO 纳米纤维表面可提供锂离子快速输运通道，其表面离子电导率可以和液体电解质相媲美，因此该复合电解质在室温下获得了较高的离子电导率(2.4×10^{-4}S/cm)。Zhai 等人基于冰模板的方法制备了一种垂直排列并互相连接的 LATP 陶瓷填料。在这种复合电解质中，垂直排列的陶瓷填料提供了快速的锂离子传输路径，而聚合物基体则提供了弹性和机械性能。这种定向排布陶瓷填料的复合电解质表现出 0.52×10^{-4}S/cm 的高离子电导率，接近 LATP 离子电导率的理论值。

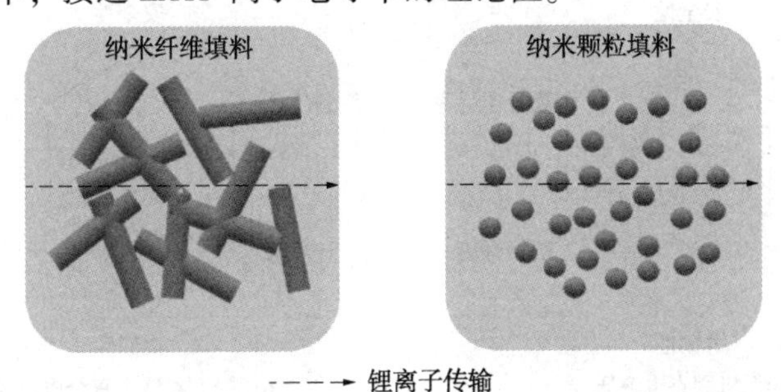

图 2-12 陶瓷纳米纤维和纳米颗粒在复合固态电解质中可能存在的 Li^+传导途径的比较

2.4 本章小结

图 2-13 总结了不同类型电解质材料的特点。可以看出：每种电解质体系都表现出各自明显的优势和劣势，然而没有任何一种单一体系的电解质材料在所有性能方面是完美的，单一体系电解质性能的短板在一定程度上限制其在高能量密度电池中的应用。例如，有机液态电解质具有较高的室温离子电导率，但其安全性较差，离子迁移数低，与电极材料之间会发生持续的副反应；聚合物固态电解质的室温离子电导率较低、电化学窗口较窄，但相较于液态电解液安全性有所提高，且具有良好的柔韧性，能够与电极材料保持良好的接触；无机固态电解质具有较高的安全性和机械强度，但是其与电极材料之间紧密接触效果差，并且难以批量加工。而复合电解质结合了无机固态电解质和聚合物固态电解质的优点，弥补了单一电解质体系的不足，机械性能、离子电导率和电化学窗口等性能得到明显的改善。

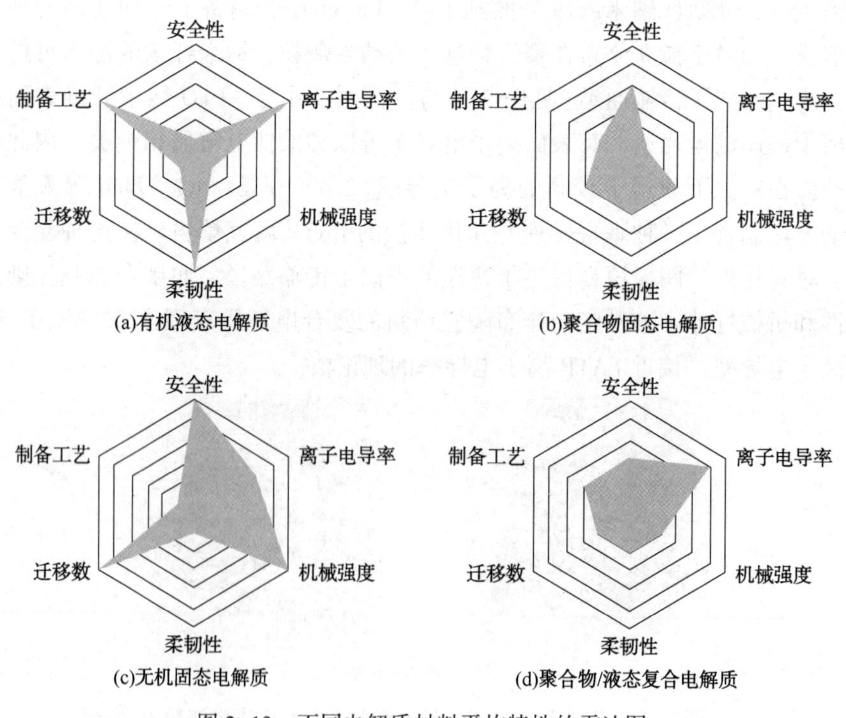

图 2-13 不同电解质材料平均特性的雷达图

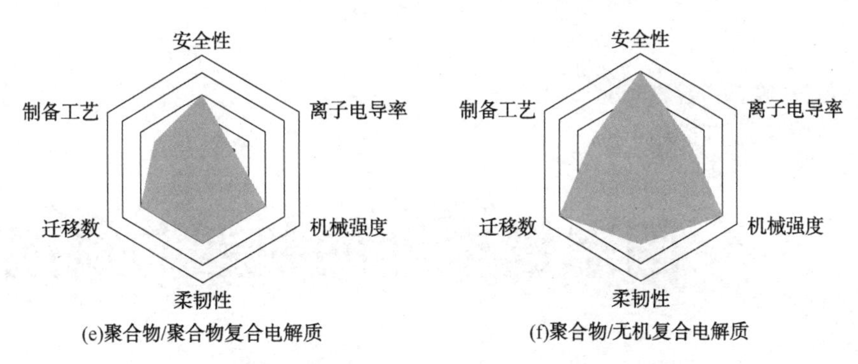

图 2-13　不同电解质材料平均特性的雷达图(续)

由此可见，开发新型有机-无机复合固态电解质是一种显著提高固态电池性能的可行方法。当前，关于复合电解质的研究主要集中在对无机电解质组分的分布、类型、形状及内部相互作用的调控上，包括以下三方面问题：①对于复合电解质整体而言，如果电解质的结构是完全对称的，可能难以同时满足正极和负极界面的不同要求；②聚合物和无机电解质之间的相互协同作用受到限制，并且层状结构复合电解质的协同效应只能在空间上实现；③层状复合固态电解质的离子电导率通常小于单组分电解质的离子电导率，并且因复合而出现的新界面可能导致更大的界面电阻。

第3章

固态锂电池的机遇与挑战

1991年，索尼公司推出第一款商用锂离子电池，自此，锂离子电池在便携式电子设备、电力储能电源、新能源汽车等领域展现了独特的优势，采用有机液态电解液的锂离子电池已经发展了三十多年。近年来，随着消费市场对锂离子电池能量密度提出了更高的要求，基于有机液态电解质的锂离子电池也遇到了制约其性能进展的瓶颈，频繁发生的安全事故和有限的能量密度是困扰其进一步发展的主要问题。随着新型电池体系的快速更新，采用固态电解质替代传统有机电解液的新型固态电池为进一步提升锂离子电池的安全性能和能量密度提供了切实可行的研究方向。与传统锂离子电池相比，固态电池具有以下几个显著的特点：第一，由于固态电解质替代了易燃的有机电解液，其不易挥发、不易燃，同时具有较高弹性模量的特点，有助于提高固态锂电池的安全性；第二，采用金属锂负极代替目前商用的石墨负极，能够使固态锂电池实现超高能量密度；第三，固态电解质耐氧化、电化学窗口比较宽，电化学稳定性较好，可以兼容更高电位的下一代正极材料，有利于提高电池的能量密度；第四，固态电解质可以在较宽的温度范围内保持稳定，锂离子电导率随温度的波动变化不大，固态电池的工作温度范围相应较宽，有利于实际应用。

事实上，目前大多数无机固态电解质和聚合物固态电解质的室温锂离子电导率通常在10^{-6}~10^{-4}S/cm，比有机液态电解液低2~4个数量级。研究者从原子尺度到介观尺度利用结构调控方法有效地将部分固态电解质的离子传导率提高到10^{-3}S/cm的水平。例如，硫化物电解质$Li_{10}GeP_2S_{12}$的室温离子电导率已经达到10^{-2}S/cm，与有机液态电解液相当。$Li_{9.54}Si_{1.74}P_{1.44}S_{11.7}Cl_{0.3}$电解质实现了锂离子电导率($2.5\times10^{-2}$S/cm)的最高纪录，使全固态锂电池的商业应用有望成为可能。

然而，尽管近年来固态电解质的离子电导率已经有了显著提高，目前固态电池在功率密度、循环寿命等电化学性能方面仍比使用液体电解质的商用锂离子电池差很多，因此，固态锂电池尚未取得大规模商业化应用。除在离子电导率、机械性能、耐氧化电位等方面需要继续加大研发力度以外，固态锂电池面临的主要瓶颈问题如下：

（1）固态电解质层与电极层存在接触差、界面电阻较大等界面问题；

（2）全固态电池低温特性尚需改善；

（3）高速高效率全固态电池的制造工艺和装备尚不成熟；

（4）全寿命周期全固态锂电池安全性与热失控行为机理尚不清晰。

3.1 电极/固态电解质界面问题

除固态电解质本身存在的室温离子电导率低等问题外，界面接触稳定性也是制约固态电池发展的主要因素。固态电池中的电化学反应发生在电极与固态电解质材料之间的固-固界面，而界面处的不稳定性和复杂的化学/电化学副反应，以及不良的物理接触都对固态电池运行产生不利影响，严重影响电池性能。近年来，众多研究工作一直致力于改善电极/电解质的固-固界面接触和稳定性问题，并取得了一定的研究进展。

3.1.1 正极/固态电解质界面

在固态电解质与正极材料之间实现良好的电子和离子接触，对于制造高性能固态电池至关重要。正极材料与固态电解质之间的界面问题，主要包括以下三个方面：①空间电荷层效应。由于氧化物正极和硫化物固态电解质之间存在较大的电势差，二者接触时锂离子会从硫化物转移至氧化物正极中，在界面处形成空间电荷层，最终导致界面电阻和极化电阻增大。②界面副反应。氧化物正极和固态电解质间除了会形成空间电荷层外，二者还会通过化学反应形成界面层。氧化物正极中的层状金属氧化物如钴酸锂、三元材料、锰酸锂等，这类材料中含有的镍(Ni)、钴(Co)、锰(Mn)等过渡金属元素会扩散到固态电解质界面，在界面处发生副反应生成界面层，由于界面层具有低的离子电导率，导致界面阻抗增大。③界面不充分接触。如图3-1所示，正极活性物质的刚性较大，即使通过热压工艺，电极/固态电解质界面通常也只能实现点对点接触，容易产生裂纹和气孔，限制了界面处锂离子和电子传输。另外，导电碳与正极活性物质之间接触不充分，同样产生较大的界面电阻，严重影响固态电池在运行过程中的电化学性能。

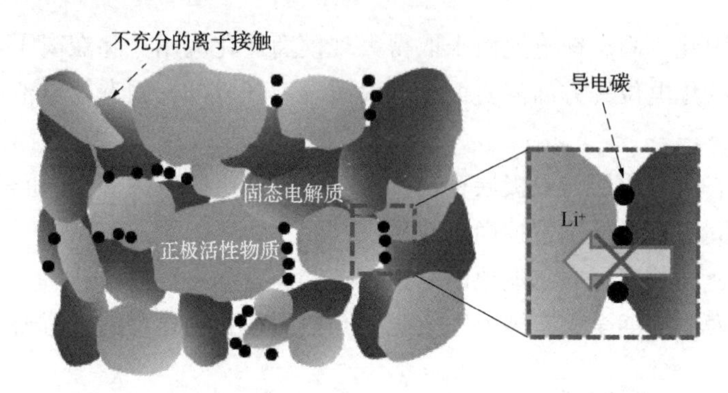

图 3-1 固态电解质与正极材料之间的界面接触问题示意

为改善固态电解质和电极之间的物理接触，实现低界面阻抗，研究人员进行了许多尝试，其中最常见的方法是采用球磨、高温煅烧、磁控溅射和原子层沉积等改性手段，有效地增加电极与固态电解质之间的接触面积。

(1) 氧化物固态电解质

对于大多数氧化物正极/氧化物固态电解质界面来说，高温煅烧可以使其致密化并形成彼此紧密结合的界面。然而，过高的煅烧温度会促进正极材料和电解质材料中的金属元素相互扩散并形成杂质相，对电池的性能造成影响。研究表明：当煅烧温度高于 500℃时，$Li_7La_3Zr_2O_{12}$与 $LiCoO_2$虽然会形成良好的界面物理键合，但在此过程中电极与电解质材料可能会在界面处分解并发生元素扩散。所以，研究煅烧温度与界面电荷转移性质的相关性对改善电极/电解质界面非常重要。为了解电极/电解质界面分解的过程和起始温度，Gu 等人利用界面传感技术研究了沉积在 Al 掺杂立方相 LLZO 颗粒上的 LCO 薄膜的界面分解过程与煅烧温度的关系。通过 X 射线光电子能谱、二次离子质谱和能量色散 X 射线能谱数据表明，在 300℃时 LLZO/LCO 界面处的阳离子开始相互扩散并发生结构变化。在经过 500℃热处理后，LLZO/LCO 界面处生成了 $La_2Zr_2O_7$、Li_2CO_3及 $LaCoO_3$。基于电化学阻抗谱和对称 LCO|LLZO|LCO 电池恒电位测试，证明在经过 500℃的高温热处理后，界面阻抗显著增加到原来的 8 倍。此外，磁控溅射技术可用来改善正极界面与固态电解质的接触。Kim 等人通过在氮气气氛中溅射 Li_3PO_4靶，在 $LiCoO_2$表面沉积了一层 LiPON 缓冲层。研究发现，沉积 1nm 厚 LiPON 缓冲层的 $LiCoO_2$电极材料在 3.0~4.4V 的电压范围内循环 40 周的容量保持率接近 90%，比未沉积 LiPON 的循环性能提高很多。

(2) 硫化物固态电解质

对于硫化物固态电解质，虽然其具有优异的可变形性，与高刚度的氧化物电解质相比可与正极材料形成更好的界面接触。但是，由于电池在循环过程中正极活性物质会出现反复的体积膨胀收缩，不可避免地会在界面处产生界面应力/应变，造成正极侧电极/电解质界面的物理接触失效，导致界面阻抗增大。特别是对于高电压正极材料，在较高的工作电压下，其晶体结构会发生较大的扭曲，造成界面阻抗增大，电池的循环稳定性和倍率性能变差。

目前改善硫化物/氧化物正极界面稳定性的解决策略主要分为三类：第一类方法是通过球磨工艺增加电极与电解质材料之间的接触面积，制备纳米复合材料。如 Hayashi 等人通过机械化学方法将具有高容量的纳米 NiS 电极嵌入具有高 Li^+电导率的 $80Li_2S-20P_2S_5$电解质中，成功制备了电极-电解质纳米复合材料。由于增加了电极和电解质材料之间的固-固界面接触面积，该方法制备的全固态锂电池比传统的手磨混合法具有更高的放电容量和更好的循环性能。第二类方法是通过激光脉冲沉积（PLD）、物理气相沉积（PVD）、化学气相沉积（CVD）及液相法对正极材料表面进行包覆改性。最常见的包覆材料包括含锂的金属氧化物如 $LiNbO_3$、$Li_4Ti_5O_{12}$、Li_2SiO_3、$LiAlO_2$等，经过包覆处理后，固态电池的循环稳定性及容量保持率会得到明显改善。例如，为抑制 $LiCoO_2$与 $80Li_2S-20P_2S_5$直接接触发生化学反应形成中间相，Sakuda 等人在 $LiCoO_2$表面沉积了一层 Li_2SiO_3非晶态薄膜。Cao 等人通过湿化学方法，在层状三元 NCM 材料表面包覆了一层无定形的 $Li_{0.35}La_{0.5}Sr_{0.05}TiO_3$（LLSTO）包覆层。LLSTO 具有良好的导离子性和电子绝缘性，可避免 NCM 和 Li_6PS_5Cl 的直接接触及 Li_6PS_5Cl 的氧化，进而在提高界面稳定性的同时增强了反应动力学。第三类方法是通过掺杂等策略调节硫化物电解质的组成，有效抑制空间电荷层及界面反应的发生，从而改善界面稳定性。Zhang 等人研究发现，由于氧原子掺杂抑制了空间电荷层效应和界面反应，掺杂后得到的 $Li_6PS_{5-x}O_xBr$ 不仅提升了电解质的空气稳定性及电化学稳定性，还表现出优异的界面兼容性和抑制锂枝晶生长的能力。

3.1.2 金属锂/固态电解质界面

随着长续航里程电动汽车和便携式电子产品的快速发展，人们对储能器件能量密度的需求日益提高。然而，目前商业化的锂离子电池实际能量密度已经接近其理论极限值，无法继续满足市场对高能量密度日益增长的需求，因此亟须开发更高效的电极材料以满足新一代高能量密度先进储能系统的发展需求。金属锂负极具有比传统石墨负极高 10 倍的理论放电比容量（3860mA・h/g）和极低的电极电位（-3.04V *vs.* SHE），因而被视为锂离子电池负极材料的“圣杯”。以金属锂作为负极的二次电池有望显著提高当前锂离子电池的能量密度，是下一代储能系统的重要研究方向。然而，金属锂负极的商业化应用仍然存在一定的技术瓶颈。

由于金属锂本身具有较高的反应活性，往往会与有机电解液发生反应而在表面生成固态电解质界面层(SEI)。金属锂负极在电池的循环过程中体积会发生无规则膨胀，导致形成的SEI膜在锂离子传输过程中容易发生破裂和再生，同时分布不均匀，这使得不断有新鲜的金属锂暴露于电解液中与之发生化学反应，不可逆地消耗活性金属锂和大量的电解液，降低电池的库仑效率，同时增加锂表面的微观粗糙度。粗糙锂负极表面不可避免地会引起不均匀的锂离子浓度分布，从而使锂枝晶成核。一旦微小锂枝晶的晶核形成，锂就会在迅速变化的电场下优先沉积在突起尖端的顶部，进而刺穿隔膜，引发电池内部短路并最终影响电池的循环寿命。

固态电解质取代液态电解质作为解决金属锂负极安全问题的有效途径，应用在金属锂电池中已取得了一定的进展。但是，随着研究的不断深入，固态电解质与金属锂之间也存在一些如界面层劣化、界面接触不良或者由于金属锂体积变化导致结构失效等严重的界面问题。如图 3-2 所示，这些问题主要表现在以下几个方面：①由于电池循环过程中金属锂负极不断发生体积膨胀和收缩，持续的形变会使金属锂表面形成裂纹，在一定程度上会诱导锂枝晶的产生，严重时甚至会造成金属锂粉化。从而使界面接触进一步恶化，界面处产生大量的空隙，接触面积减少，严重阻碍界面处锂离子和电子的输运，导致界面阻抗较高，极化增大，严重影响电池的循环、倍率性能。②尽管氧化物固态电解质具有很高的机械强度，但锂枝晶仍然可以在较低的电流密度下沿晶界生长，最终刺穿陶瓷电解质到达正

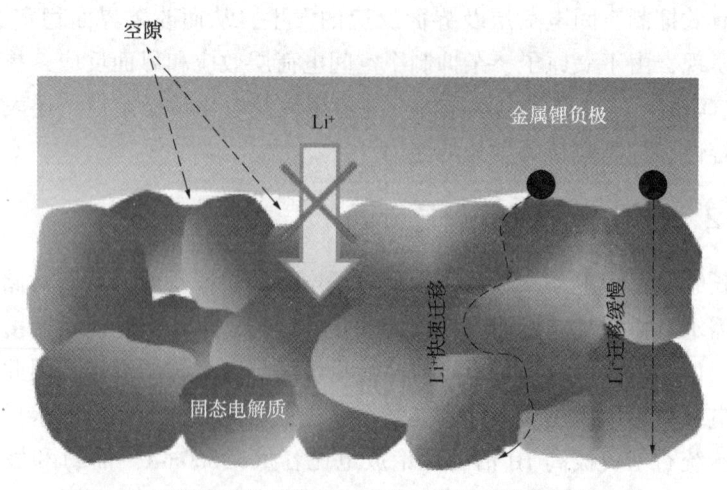

图 3-2　固态电解质与金属锂负极的界面接触问题示意

极，引起电池内部微短路。③由于金属锂负极的强还原性，在与如硫化物电解质、钙钛矿结构的 LLTO、NASICON 结构的 LATP 和 LAGP 等固态电解质直接接触时发生严重的化学反应，高价的金属离子(如 Ti^{4+}、Ge^{4+})很容易被金属锂还原，导致电解质材料老化失效，极大地影响了固态电解质在锂金属电池中的应用。

为解决上述问题，已经有大量的研究工作致力于解决金属锂负极的稳定性和安全性问题。主要包括以下几个方面：①通过优化有机电解液中的溶剂、锂盐及添加剂的组成，在锂金属表面原位生成人工 SEI 膜，减少界面副反应；②在金属锂表面非原位地引入超薄无机修饰层或聚合物修饰层；③构建具备高比表面积的三维复合锂金属负极，有效降低局部电流密度；④隔膜涂覆改性；⑤使用不易燃且高机械模量的固态电解质代替有机电解液。其中，应用固态电解质替代液态电解质被证明具有最大的潜力，这是因为固态电解质具备较高的离子电导率和机械强度，较宽的电化学窗口和不可燃性，能够有效抑制锂枝晶生长，解决液态电解质的安全性问题。因此，固态电解质成为近年来改善金属锂电池安全性能的研究热点。

(1) 氧化物固态电解质

石榴石型固态电解质自发现以来，表现出较宽的电化学窗口，其还原电位低至 0.05V，并且对锂金属具有相对较高的稳定性。为考察 LLZO 与金属锂之间界面的稳定性，Ma 等人利用 STEM 观察到，当立方相 LLZO 与锂金属接触时，表面会生成一层非常薄的四方相 LLZO 层，这层四方相 LLZO 不仅能够抑制金属锂和立方相 LLZO 进一步反应，而且还可以保持离子传导性。Hu 等人报道了一种降低金属锂负极与石榴石型 $Li_7La_{2.75}Ca_{0.25}Zr_{1.75}Nb_{0.25}O_{12}$(LLCZN)固态电解质之间界面阻抗的方法。研究者利用原子层沉积(ALD)技术在 LLCZN 上沉积了一层 Al_2O_3 包覆层，有效地将 Li/LLCZN 界面阻抗从原来的 $1710\Omega/cm^2$ 降低至稳定的 $1\Omega/cm^2$。研究表明：Al_2O_3 包覆层对锂化 Al_2O_3 中的 Li 有更高的结合能，进一步增强了界面的浸润性和化学稳定性。同时，超薄的锂化 Al_2O_3 提供了大量的锂离子传输路径，增强了锂离子的传输速度。

部分含有 Ti 元素的氧化物固态电解质与金属锂接触时界面并不稳定。Hartmann 等人观察到，NASICON 型 LAGTP 电解质在与金属锂接触后，界面处会形成厚度为 20μm 的中间层。进一步研究该中间层的离子和电子特性，发现该中间层的电子电导率比未接触金属锂的电解质高约 3 个数量级。因此，将界面中离子/电子区域定义为“混合离子电子导体层”(MCI)。Shan 等人观察到在含有电解液的电池中，由于导电带中的电子掺杂，Li^+ 可以电化学的方式嵌入 $Li_{0.37}La_{0.5}TiO_{2.94}$ 中。

另外，通过X射线吸收光谱(XAS)和密度泛函理论计算(DFT)证实，Ti的电子结构随着锂离子的嵌入而改变，最终导致$Li_{0.37}La_{0.5}TiO_{2.94}$从电子绝缘体过渡到电子导体，造成电池短路。随后，Wenzel等人通过原位XPS方法进一步研究了LLTO与金属锂之间的界面反应，结果表明Ti^{4+}被还原为Ti^{3+}。为解决上述问题，阻断$Li_{3x}La_{2/3-x}TiO_3$中电子载流子的传导路径是最好的选择。2005年，Ahn和Yoon通过PLD技术成功地在锂金属上沉积了一层不到电子的非晶态$Li_{0.5}La_{0.5}TiO_3$，在与锂金属接触两周后，$Li_{0.5}La_{0.5}TiO_3$层的离子电导率保持不变。另外，可以用Ge部分替代Ti，来解决Ti还原的问题。Yoon等人利用磁控溅射技术设计了一种LiPON/LLTO/LiPON的多层结构电解质，该结构不仅解决了LLTO和金属锂之间的化学不稳定性，同时解决了LLTO薄膜电池的短路问题。

(2) 硫化物固态电解质

硫化物固态电解质对金属锂负极不稳定，与金属锂直接接触在界面处发生副反应，反应产物在二者界面处形成界面层，其性质将影响界面阻抗及界面处的离子、电子传输，因此对于硫化物固态电池的电化学性质具有非常重要的影响。如硫化物电解质$Li_{10}GeP_2S_{12}$与金属锂负极接触会生成Li_2S、Li_3P和Li-Ge合金，其中Li_2S和Li_3P离子电导率低，而Li-Ge合金具有电子导电性，会导致电解质进一步失效。除此之外，固态电池在充/放电循环过程中，锂在负极表面不断沉积/剥离，产生锂枝晶，尽管一般认为固态电解质能够抑制锂枝晶生长。研究表明：由于硫化物电解质机械性能较弱，锂枝晶仍会刺穿电解质层到达正极侧，引起电池内部发生微短路。

目前，解决硫化物固态电解质与金属锂界面问题的手段主要是调控电解质界面组分，通过掺杂改性、人工界面层构筑等方法构建电子绝缘同时离子导电的界面层，达到阻止两相直接接触的效果，从而避免副反应的发生。该界面层可促进锂离子的均匀沉积，避免锂枝晶生成。有研究者通过向硫化物中掺杂ZnO、卤化锂及离子液体等掺杂改性方法提升负极界面稳定性，同时起到抑制锂枝晶的作用。在电极或电解质表面引入或原位形成人工界面层也可以改善界面层与电极和电解质的接触。

(3) 聚合物固态电解质

聚合物固态电解质虽然有良好的柔韧性，但由于固态电池在充/放电循环过程中金属锂负极会发生持续的体积变化，造成电解质/电极界面物理接触不良、锂离子迁移通道减少、电池的临界电流密度低等问题。另外，聚合物固态电解质与金属锂负极的化学势不同，二者相互接触后会引起界面处的电化学反应。界面化学反应对界面离子传导和界面电化学稳定性具有重要影响，有研究通过分析影响界面化学稳定性的因素指出，界面反应生成的高阻抗界面层，以及元素相互扩散造成的界面层持续生长是导致界面化学稳定性差的主要原因。除上述界面浸润性差、界面化学反应对界面稳定性造成不良的影响外，锂枝晶的生长问题也不容小觑。实际上，在电流密度较大的情况下，固态电池的锂枝晶生长速度相对于传统锂离子电池更高。锂枝晶主要沉积在电解质/金属锂负极的界面处，其沉积模式包括尖端沉积、径向沉积和底部沉积三种。锂枝晶沉积的位置和形态受界面处的电流密度、机械应力及电解质的电子电导率等影响。

为提高聚合物固态电解质与金属锂负极的界面相容性，除降低聚合物电解质的结晶度，提高介电常数，从而进一步提升聚合物基体本身的离子电导率、降低界面阻抗以外，研究者还做了大量的工作，其中包括对聚合物固态电解质成分组成进行掺杂改性。研究表明：由于两相接触后界面处钝化膜(SEI)的发展，随着充/放电进行界面处的电化学阻抗不断增大。因此，可通过引入无机填料或增塑剂提高聚合物链段的运动能力，进而提高界面稳定性；也可通过共聚、交联、接枝等方法对聚合物基体进行修饰改性来调控SEI的成分。另外，通过对电解质的结构进行优化设计可有效改善界面相容性，常见的结构设计包括核层结构和“三明治”结构。对聚合物固态电解质体系施加外力也可在一定程度上提升聚合物固态电解质与金属锂负极之间的界面浸润性，从而有效降低界面阻抗。在固态电池组装时通过热层压步骤增加两相界面处黏附性和金属锂的流动性，从而生成更加稳定的界面层，降低界面阻抗。

(4) 有机-无机复合固态电解质

在有机-无机复合固态电解质中，无机填料的添加可以改善其离子电导率，但部分含有高价态金属阳离子的纳米填料在热力学上对金属锂负极不稳定，与金属锂接触后极易被还原。此时，聚合物基体可充当缓冲层，以隔离无机固态电解质与锂金属之间的直接接触和严重的副反应。例如，用PEO-$LiClO_4$包裹$Li_7P_3S_{11}$，可以有效地抑制$Li_7P_3S_{11}$与金属锂之间的界面反应。Liet等人使用PEO-LiTFSI电解质作为缓冲层，组装了Li|聚合物/LLZT-2LiF|$LiFePO_4$电池。这种异质结构的固态电池具有较低的界面电阻，极大地改善了电池的电化学性能。Fu等人提出了一种3D双层石榴石固态电解质，这种电解质包括可充当防止锂枝晶渗透的刚性致密缓冲层(20μm)，以及起支撑作用并可承载正极材料的多孔层。同时还采用聚合物涂层来降低界面粗糙度，使锂离子均匀地通过界面，非对称结构的复合固态电解质可以分别有针对性地同时解决正、负极侧的界面问题。

3.2　固态电池的低温特性问题

尽管目前固态电池在室温条件下能够表现出优异的电化学性能，但当其面对低温环境时，固态电解质的离子电导率将明显下降，锂离子在电解质和电极/电解质的界面传输受到严重阻碍，导致固态电池的电化学性能大幅降低，因此提高低温环境下固态电池的容量保持率和循环稳定性尤其重要。目前，关于提高固态电池低温特性的相关研究工作较少，已知的解决方法主要有两种：①设计自加热功能固态电池热管理系统；②通过电池材料纳米化，改善固态电池的使用特性。

3.3　固态电池的制造工艺问题

传统液态软包锂电池的生产工艺包括前段流程(混料、涂布和辊压)，叠片或卷绕(模切、叠片、极耳焊接或分条、制片、卷绕)，装配流程(铝塑壳成型、顶侧封、烘烤)，注液段工艺流程(注液、活化)，后段工艺流程(化成、老化、排气封口、后处理)。与传统液态锂离子电池相比，固态电池的生产工艺需要在电极、固态电解质、界面工程及电池封装技术等方面做一定的改进和优化。固态电池的前段生产工序与锂离子电池基本相同，中、后段工序上固态电池不再需要注液化成，而需要进行加压或烧结工序。在固态电池的整个生产流程中，固态电解质成型工艺是关键。不同的工艺会对电解质的质量、厚度及性能造成很大影响，固态电解质过厚或过重会直接影响固态电池的体积能量密度和质量能量密度，也会使电池内部电阻过大。相反，如果电解质过薄会导致其机械性能变差，当电池受到外力冲击时容易引起短路。

图 3-3 所示为氧化物固态电池制备流程。可知：正极材料和固态电解质材料分别采用机械球磨的方式制备，通过高频溅射法将电解质溅射到正极材料表面，然后将复合的正极/电解质材料进行高温烧结，最后通过电子束蒸镀法将负极材料均匀分布到正极/电解质复合层表面，最终得到氧化物固态电池的电芯。

硫化物固态电解质具有较高的室温离子电导率和良好的机械性能，是目前的研究热点。硫化物固态电池无法通过粉末压制成型和干法成膜的方法实现大规模生产，原因如下：干法成膜工艺很难制备大容量电池，得到的电解质层厚度较厚，阻抗较高，而粉末压制成型法需要较高的平压压强。因此硫化物电池一般采用有溶剂参与的湿法工艺，如图 3-4 所示，该工艺流程与传统锂离子电池相似，包括电解质层的制备、负极制备、复合正极层制备和电池组装四部分。其中浆料工艺是制备传统锂离子电池电极层的传统制备方法，该方法同样适用于硫化物固态电池正极层的制备。

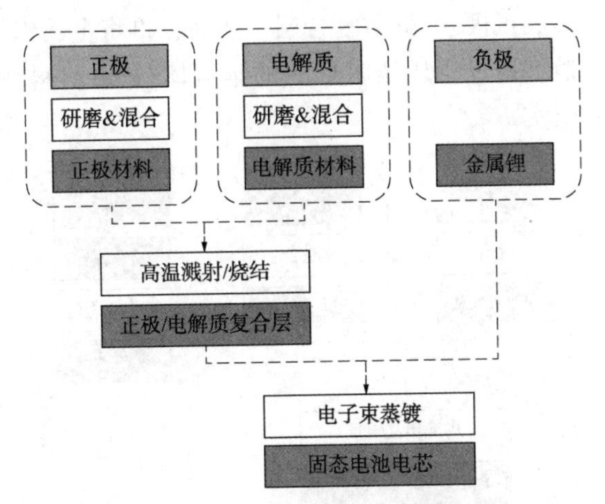

图 3-3　氧化物固态电池制备流程

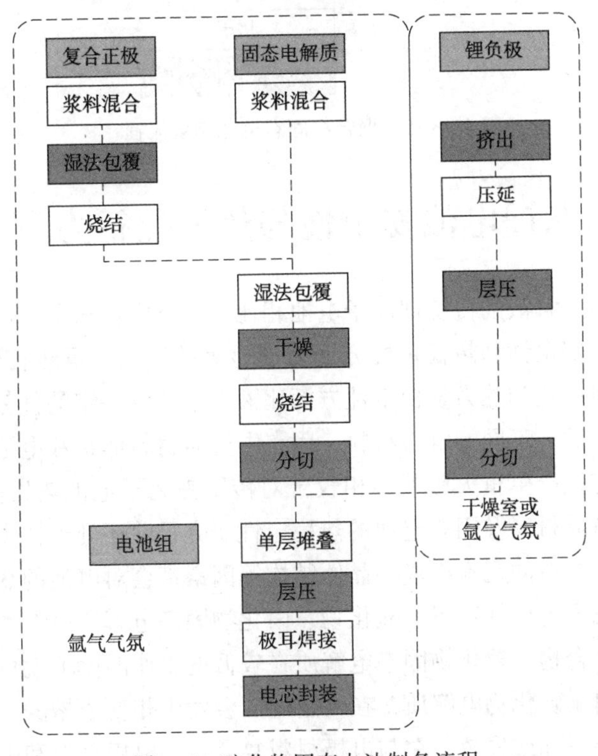

图 3-4　硫化物固态电池制备流程

对于聚合物固态电池，以德国亚琛工业大学研究机构的聚合物固态电池制备工艺为例，正极和固态电解质材料的制备均通过高温熔融和返混挤出的过程形成正极和电解质浆料。如图 3-5 所示，两种浆料通过共挤出和压延的方式分别叠加在正极集流体上，形成正极/电解质复合层。然后，再将金属锂箔压制在正极/电解质复合层表面，最终通过辊压法将形成的集流体/正极材料/固态电解质/锂负极的混合多层电芯压实。

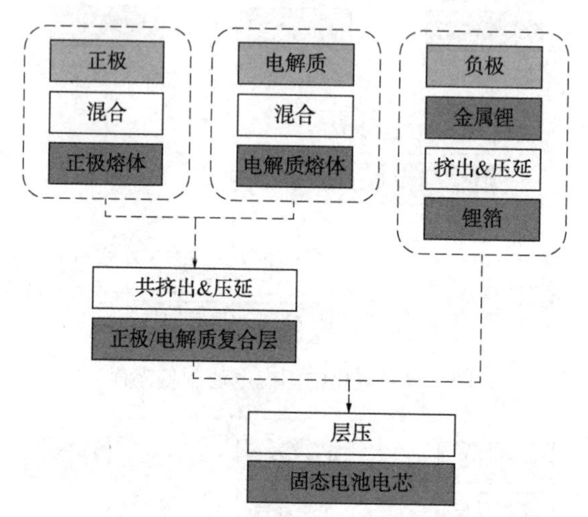

图 3-5　聚合物固态电池制备流程

3.4　固态锂电池安全性与热失控行为

与使用液态电解液的传统锂离子电池相比，固态电池避免了电解液易燃、易泄漏等问题，在安全性和热稳定性方面得到显著的提高。虽然有研究报道显示，固态电池在整体产热和热力学稳定性方面比液态电池有一定的优势，但固态电池并不是绝对安全的。不同的电极材料、固态电解质材料体系和电池结构的差异将对电池的热稳定性产生重大影响，相较于对传统锂离子电池热失控机理的了解，人们对固态电解质材料及固态电池的热稳定性研究目前还处于初步阶段。

一般而言，材料的元素组成、晶体结构等因素都会对电池的热稳定性造成影响。在众多固态电解质体系里，氧化物、卤化物固态电解质材料本身具备良好的热稳定性，而聚合物、氢化物固态电解质在较低的工作温度下就可能会发生融化变形、分解。对于硫化物电解质，在一定温度会发生相变或熔融，从而引发固态电池电化学性能下降或失效。在与电极材料复合后，电极材料和电解质材料发生界面接触也可能提前导致材料的热分解，界面反应产物也可能引发链式反应降低电池体系的电化学性能。例如，部分含有高价金属阳离子的氧化物电解质、硫化物电解质与金属锂负极的界面热稳定性差，特别是氧化物电解质分解会释放氧气可能与金属锂剧烈反应，从而引发热失控。而聚合物电解质通常对金属锂负极具有良好的界面相容性，但与高氧化性正极材料接触时容易发生氧化分解。

目前，对固态电池的安全性和热稳定性研究较少，相关实验数据有待丰富，热失控机理有待完善，热测试表征手段及装置设备有待创新，固态电池的发展有望从根本上解决电池的安全性问题，能够极大地促进动力电池进一步发展，因此需要对固态电池的安全性和热稳定性研究进行更深入、更全面的理解和认识。

3.5 本章小结

固态锂电池由于具有高安全性、高能量密度等特点而受到研究者广泛关注，但在实际应用中仍面临电极/电解质界面电阻大、界面浸润性差、界面不稳定、低温特性差、制造工艺和装备尚不成熟及安全性和热失控行为机理尚不清晰等诸多问题。因此，开发离子电导率高、界面相容性良好的固态电解质材料，设计并构建稳定的电极/电解质界面显得十分迫切，仍是未来固态锂电池领域面临的挑战。目前固态锂电池正处于研发的攻坚克难阶段，在性能上仍有很大的提升空间，相信在不久的将来逐渐应用于市场，可满足动力电池及规模化储能领域对高安全性、高能量密度锂电池日益增长的需求。

第4章

LLTO固态电解质非对称界面构筑研究

金属锂具有较高的理论比容量，远高于目前常用的石墨、钛酸锂等锂离子电池负极材料，是构筑下一代储能器件负极材料的“圣杯”。其电化学电势也远低于其他金属负极，可以为金属锂电池提供更高的工作电压。此外，金属锂密度小，作为负极时可有效减轻电池质量。然而，目前金属锂的商业化应用依然面临很多挑战，包括在电解液中发生副反应、锂枝晶生长、锂粉化及电池短路等问题。为解决这些问题，研究者采用不同的方法来提升金属锂的稳定性，如引入电解液添加剂、构筑人工 SEI 膜、设计 3D 金属锂骨架及采用固态电解质等。其中，应用固态电解质替代液态电解质具有很大优势，成为近些年金属锂电池研究的热点。

在固态电池设计中，针对无机陶瓷电解质界面接触的改性研究主要集中在界面修饰方面。界面修饰包括构建合金层界面、柔性高分子修饰层、液态电解质润湿层等方法。如 Liu 等人通过在 LATP 陶瓷电解质表面溅射 Al_2O_3 抑制了元素扩散，有效地降低了界面层厚度。Hao 等人利用 ZnO 的亲锂性，在 LATP 电解质表面通过磁控溅射一层 ZnO 薄层，阻止了电解质与金属锂发生反应，同时提供了良好的导电性。上述溅射或沉积等方法虽然可以解决界面相容性问题，但是对设备要求较高，工艺成本昂贵，难以应用于工业生产。除此之外，Yu 等人通过在 LAGP 固态电解质与金属锂界面处构建一层致密的 PVDF-HFP 基凝胶电解质，有效地避免了 LAGP 与锂金属发生副反应。同时借助于凝胶电解质良好的电极浸润性，能够促进锂离子均匀沉积，改善二者之间的界面兼容性。Kobayashi 等人为防止 LLTO 与金属锂直接接触引发界面副反应，在 LLTO 电解质表面涂覆一层 PEO 基聚合物电解质保护层，大大提升了固态电池的界面稳定性及电化学性能。但是，与金属锂负极具有良好兼容性的 PEO 基聚合物电解质，其电化学窗口无法满足高镍三元正极材料的应用要求。因此，对于匹配高电压型正极材料，需要选用不同聚合物电解质缓冲层有针对性地分别对正、负极界面进行修饰，以此来获得更高电压平台和能量密度的固态电池。

LLTO 陶瓷电解质以其高离子导电性、良好的空气稳定性，以及宽电化学窗口有望实现高能量密度固态锂金属电池的应用。然而，LLTO 与金属锂之间会发生复杂的化学反应，引起 LLTO 老化，进而导致固态电池失效。因此，阐释 LLTO 与金属锂之间的副反应机制，是成功制备 LLTO 基固态电池的关键基础科学问题。本研究首先聚焦分析 LLTO 电解质与金属锂的氧化还原反应机制，解析 LLTO 固态电解质老化失效的关键影响因素，为后续电解质改性、界面设计提供基础支撑。其次，设计并构建了一种非对称双界面修饰的 LLTO 陶瓷电解质，既能抑制 LLTO 陶瓷电解质与金属锂之间的副反应，又能改善 LLTO 陶瓷电解质与正极材料的界面接触，形成稳定的电极/电解质界面和锂离子传输通道，降低界面电阻，实现锂金属电池在室温下的稳定运行。

首先采用溶胶凝胶结合固相烧结法制备了 LLTO 固态电解质粉体，再通过低成本的常压烧结方式制备 LLTO 陶瓷电解质。研究不同的烧结条件对 LLTO 陶瓷电解质相结构、晶粒尺寸、相对致密度及离子电导率等性能的影响。应用电化学阻抗、XRD 精修、HRTEM、XPS 等表征方法对 LLTO/金属锂的界面副反应进行研究，分析了二者之间的化学反应机制。为同时解决 LLTO 陶瓷电解质正、负极界面的兼容性和浸润性问题，对陶瓷电解质的正、负极界面分别进行修饰：为匹配高电压三元正极材料 NCM622，在靠近正极侧界面处引入耐氧化的 PAN 聚合物电解质缓冲层；在靠近负极侧界面处则引入对金属锂稳定的 PVDF-HFP 聚合物电解质缓冲层，最终制备得到非对称双界面修饰的 LLTO 陶瓷电解质。同时详细研究了该固态电解质与金属锂负极及 NCM622 的界面相容性，并组装固态电池，研究双界面非对称改性的 LLTO 陶瓷电解质对固态锂金属电池循环稳定性的影响。

4.1 材料的制备

4.1.1 LLTO 粉体的制备

采用溶胶凝胶法制备 LLTO 粉体。先将化学计量比的硝酸锂(过量质量分数 15%，为弥补高温烧结时的锂挥发损失)、硝酸镧混合后溶解于乙酸中，再按化学计量比逐滴加入钛酸四丁酯，以无水柠檬酸作为络合剂，溶于乙二醇中。该前驱体溶液在60℃水浴中机械搅拌6h，得到均匀的黄色透明溶胶。静置陈化2h得到LLTO前驱体湿凝胶。将湿凝胶放入烘箱中经100℃过夜烘干，待干燥完全后，将得到的干凝胶研磨均匀，然后转移至马弗炉中，以5℃/min的升温速率，350℃热解2h，然后900℃煅烧2h。将热处理后的粉体采用异丙醇作为溶剂，球磨8h降低其粒度，球磨后的浆料经70℃干燥后过200目筛，最终得到的LLTO粉体转移至手套箱中待用。

4.1.2 LLTO陶瓷电解质的制备

采用常压烧结法制备LLTO陶瓷电解质。将溶胶凝胶制备的LLTO陶瓷粉体置于直径为15mm的不锈钢压片模具中，在70MPa的等效压力下压制成素坯圆片。将LLTO陶瓷素坯置于氧化镁坩埚中，放置于马弗炉中，在空气气氛下升温到不同的设定温度进行保温烧结。为尽可能避免高温下LLTO中锂元素的挥发损失，在烧结过程中，将陶瓷素坯包埋在作为牺牲粉的同组分LLTO粉体中。烧结得到的陶瓷片随炉冷却后，依次用600目、1200目、2000目SiC砂纸打磨、抛光直至表面光滑平整，然后用乙醇超声清洗，干燥。最终将得到的LLTO陶瓷片转移至手套箱中备用。

4.1.3 LLTO陶瓷电解质的界面修饰

首先将1mol/L LiTFSI和0.1g SN溶于5mL DMF中，充分搅拌混合后加入0.3g PAN(M_w~150000)，搅拌12h后得到均匀透明的PAN电解质前驱体溶液。同样地，将0.5g PVDF-HFP(M_w~1300000)和1mol/L的LiTFSI溶于5mL DMF溶剂中，搅拌均匀得到PVDF-HFP电解质前驱体溶液。PAN和PVDF-HFP电解质前驱体溶液分别利用匀胶机均匀涂覆在LLTO陶瓷电解质的两面，室温下干燥24h后得到非对称双界面修饰的PAN/LLTO/PVDF-HFP电解质。以上制备均在充满高纯氩气的手套箱中进行。

4.2 结果与讨论

4.2.1 LLTO陶瓷电解质的表征及性能研究

采用溶胶凝胶法制备的LLTO陶瓷粉体的XRD图谱如图4-1(a)所示。可以看出：经过物相对比，所制备的 LLTO 粉体(110)、(112)、(004)等主峰位置与标准立方相的 $Li_{0.33}La_{0.557}TiO_3$(JCPDF#87-0935)高度吻合，结晶性好，且没有杂质相出现，说明 LLTO 前驱体干凝胶在 900℃煅烧 2h 后能够得到纯相的立方相 LLTO 粉体材料。图 4-1(b)所示为上述溶胶凝胶法合成得到的 LLTO 粉体颗粒的 SEM 图。可以看出：溶胶凝胶法得到形貌不规则的 LLTO 纳米级颗粒，颗粒尺寸约为 200nm。此外，由于 LLTO 纳米颗粒的表面能较高，很容易形成粒径较大的团聚体。

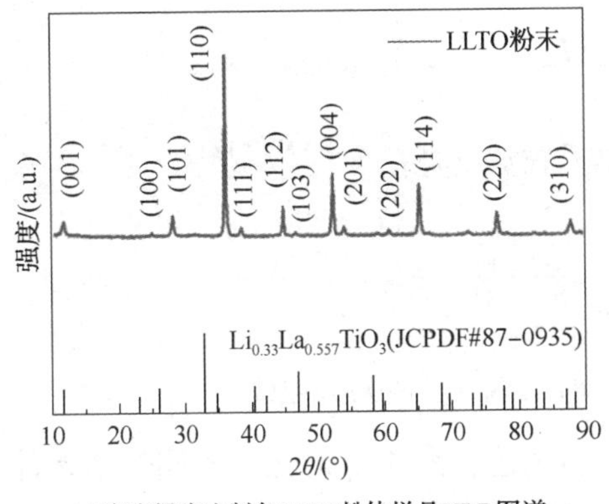

(a)溶胶凝胶法制备LLTO粉体样品XRD图谱

(b)LLTO粉体样品SEM图

图 4-1 LLTO 粉体样品 XRD 图谱和 SEM 图

不同烧结条件下 LLTO 陶瓷电解质片的 XRD 图谱如图 4-2 所示。其中，样品 A～C、E 升温速率为 5℃/min，保温时间为 6h，烧结温度分别为 1140℃、1200℃、1250℃和 1300℃的 4 种不同烧结条件下的陶瓷电解质片。可以看出：4 种 LLTO 陶瓷电解质片样品的 XRD 衍射峰与立方相钙钛矿结构的 LLTO 标准卡片高度吻合，未出现其他杂质相，说明经过不同烧结温度处理后并未改变 LLTO 陶瓷电解质的晶体结构，依然与烧结前电解质粉体保持一致。同时，随着烧结温度升高，XRD 特征峰峰形更加尖锐，说明陶瓷晶粒的结晶度在不断增加。样品 D～F 烧结温度为 1300℃，升温速率为 5℃/min，保温时间分别为 2h、6h 及 12h 的不同陶瓷电解质片。从样品 D 和 E 的 XRD 衍射峰可以看出：保温时间从 2h 增加到 6h 时，LLTO 特征峰强度逐渐增加，峰宽逐渐变窄，而保温时间继续延长到 12h 的样品 F 在 $2\theta=29°$附近出现 La_2TiO_5杂质峰。结果表明：保温时间延长有利于陶瓷电解质晶粒生长，但是高温下保温时间过长会造成烧结过程中失锂过多，LLTO 会分解生成 La_2TiO_5杂相。

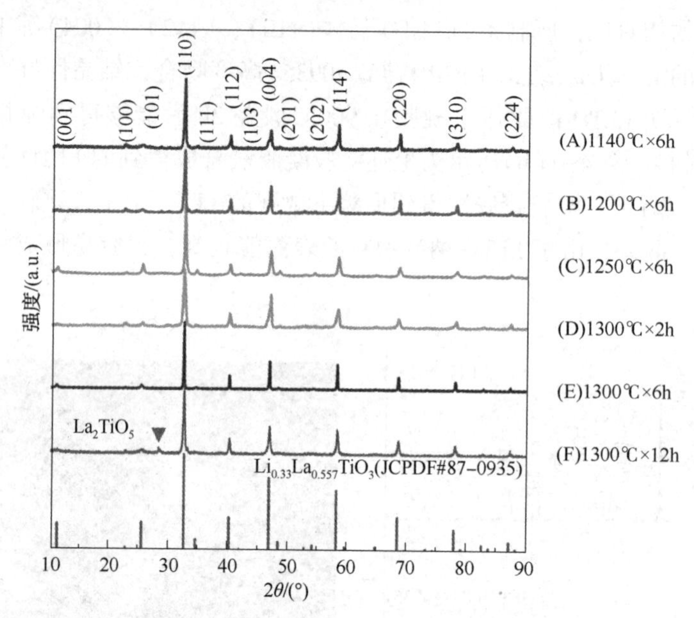

图 4-2　不同烧结条件下 LLTO 陶瓷电解质片的 XRD 图谱

为进一步确定 LLTO 陶瓷电解质片的烧结工艺，图 4-3 对比了不同烧结条件下经过热腐蚀处理后的 LLTO 陶瓷电解质片的断面 SEM 形貌。如图 4-3(a)所示，当烧结条件为 1140℃保温 6h 时，由于烧结温度太低导致晶粒发育不完全，平均粒径尺寸很小，晶界结合差，不足以让 LLTO 素坯致密化。随着烧结温度升高，晶粒呈现立方体或长方体形态，平均晶粒尺寸逐渐增大，由 1140℃时的 1μm 增长至 1200℃时的 2~3μm，同时晶界更加清晰[见图 4-3(b)]。图 4-3(c)为烧结温度提升至 1250℃时陶瓷电解质片的断面，此时电解质的平均晶粒尺寸进一步增大至 7~8μm，但晶界处仍存在少量气孔。当烧结温度提高至 1300℃时，随着保温时间延长，陶瓷断面晶粒紧密结合且尺寸均匀，晶界进一步减少[见图 4-3(f)]。

图 4-3(d)至图 4-3(f)对比了烧结温度均为 1300℃，升温速率仍为 5℃/min，保温时间分别为 2h、6h 及 12h 的不同陶瓷电解质片断面的形貌。从图 4-3(d)可以看出：由于保温时间不足，晶粒形状不规则，同时存在大量的气孔。随着保温时间增加至 6h，晶粒平均尺寸增大，粒径尺寸分布更加均匀，LLTO 晶界减少且清晰。图 4-3(f)为保温时间增加至 12h 时的断面形貌，此时随着保温时间进一步增加，晶粒开始不均匀生长，个别晶粒通过二次再结晶择优生长为尺寸超过 100μm 的特大晶粒，出现严重的异常晶粒生长(Abnormal Grain Growth，AGG)现象，同时在异常生长晶粒表面可以观察到内部存在孤立的球形气孔。AGG 现象

的形成是由于较大的陶瓷晶粒成核后，不断吞并周围的细晶粒并异常生长造成的。AGG 现象同时会伴随着气孔被包裹在晶粒内部，导致陶瓷样品相对致密度下降。另外，AGG 现象会使晶界处存在大量应力，导致陶瓷电解质材料的强度降低，对实际生产中固态电池的装配造成一定的影响，所以应尽量避免烧结过程中发生 AGG 现象。

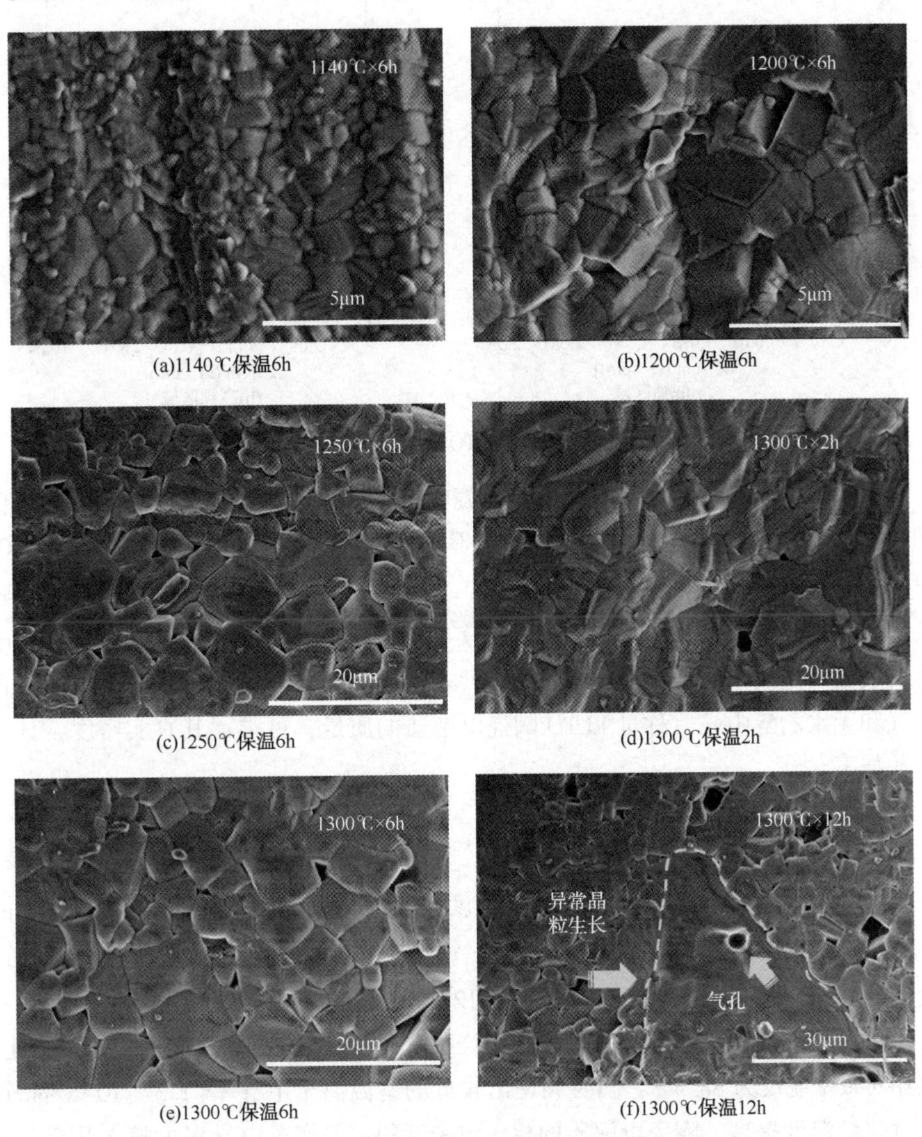

(a)1140℃保温6h　(b)1200℃保温6h

(c)1250℃保温6h　(d)1300℃保温2h

(e)1300℃保温6h　(f)1300℃保温12h

图 4-3　不同烧结条件下 LLTO 陶瓷电解质片断面 SEM 图

对上述不同烧结条件得到的陶瓷电解质进行电化学阻抗测试。结果如图 4-4 所示，由于在 1MHz 至 10Hz 的频率范围内无法检测到晶界阻抗响应，因此归一化的阻抗谱曲线均为一条直线，直线与 Z'轴的截距即为陶瓷电解质的总阻抗，根据附录公式(1)利用该阻抗值计算陶瓷电解质的室温离子电导率。

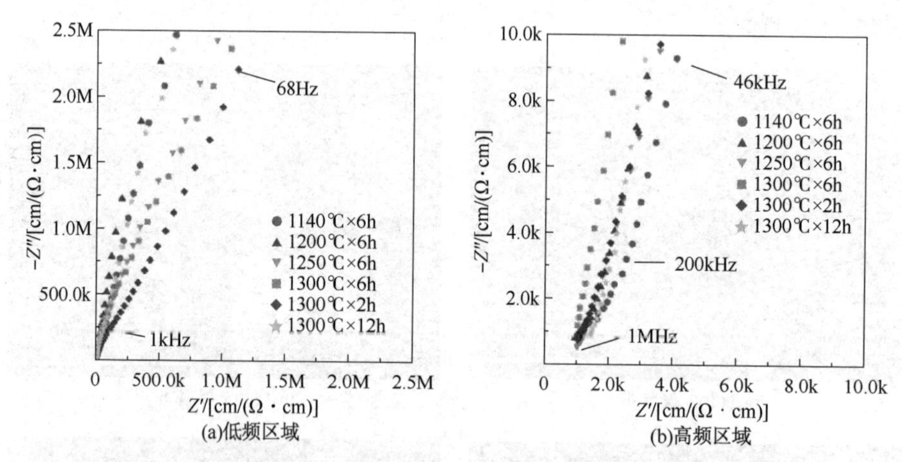

图 4-4　室温下不同烧结条件 LLTO 陶瓷电解质的归一化阻抗谱曲线

图 4-5 所示为不同烧结条件 LLTO 陶瓷电解质的室温锂离子电导率及相对致密度的变化曲线。相对致密度为测得的 LLTO 陶瓷电解质的真实密度与 $Li_{0.33}La_{0.557}TiO_3$ 材料的理论密度的比值，其中 $Li_{0.33}La_{0.557}TiO_3$ 的理论密度为 5.05g/cm^3。采用阿基米德原理测试 LLTO 陶瓷电解质的真实密度，为防止测试过程中 LLTO 陶瓷电解质表面发生离子交换反应生成 Li_2CO_3，实验选择无水乙醇为辅助液体。通过在空气和无水乙醇中先后称量 LLTO 陶瓷电解质的质量，可求得其真实密度，具体公式如下：

$$\rho=\frac{m_1}{m_1-m_2}(\rho_0-\rho_{air})+\rho_{air} \tag{4-1}$$

式中：ρ 为待测陶瓷电解质的真实密度；m_1 为陶瓷电解质在空气中的质量，g；m_2 为陶瓷电解质在无水乙醇中的质量，g；ρ_0 为测试温度下无水乙醇溶液的密度，0.789g/cm^3；ρ_{air} 为空气密度，0.0012g/cm^3。

可以看出：1140℃烧结 6h 时，由于烧结温度较低，陶瓷电解质未完全致密化，其相对致密度仅为 88.5%，同时表现出较低的室温离子电导率(1.37×10^{-4}S/cm)。随着烧结温度提高，陶瓷电解质的相对致密度和室温离子电导率也随之升高。当烧结温度升高到 1300℃保温 6h 后，陶瓷的相对致密度提高至 99.3%，此时室温离子电导率最高，为 4.19×10^{-4}S/cm。1300℃保温 2h 时由于没有完全烧结，陶瓷的相对致密度为 96.4%，上述实验结果与 SEM 观察到的结果一致。而当保温时间进一步延长到 12h，陶瓷电解质的离子电导率下降至 1.52×10^{-4}S/cm，出现上述实验结果的原因一方面是由于 AGG 现象导致晶粒内部出现气孔使陶瓷相对致密度下降；另一方面是由于高温下长时间烧结会造成烧结过程中失锂过多，生成低离子电导率的杂质。因此，高温烧结过程中保温时间不宜过长。最佳烧结条件为 1300℃保温 6h，在此条件下得到的电解质样品晶粒尺寸均匀，晶界清晰，晶粒之间结合牢固，具有 99.3%的相对致密度和 4.19×10^{-4}S/cm 的高室温离子电导率。

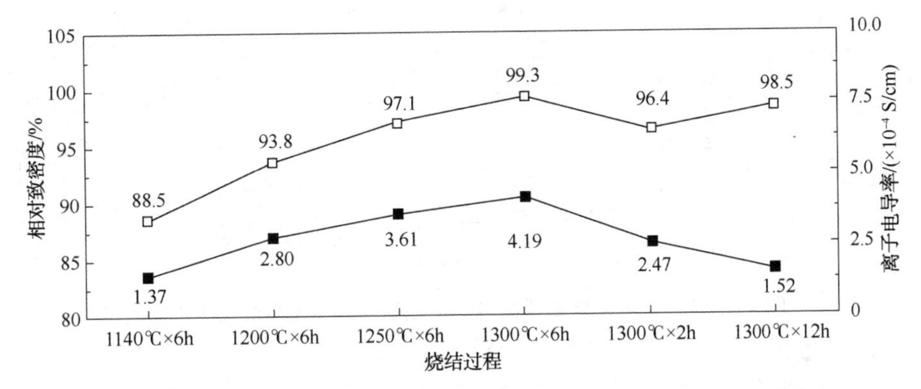

图 4-5　不同烧结条件 LLTO 陶瓷电解质室温锂离子电导率及相对致密度

图 4-6 所示为烧结条件为 1300℃保温 6h 的 LLTO 陶瓷电解质的离子电导率随测试温度变化曲线。可知：在−30~70℃温度范围内，LLTO 陶瓷电解质离子电导率和绝对温度乘积的自然对数与绝对温度的倒数呈良好的线性关系，符合 Arrhenius 定律，即：

$$\sigma=\sigma_0\exp\left(-\frac{E_a}{RT}\right) \tag{4-2}$$

式中：σ 为离子电导率；σ_0 为指前因子；E_a 为活化能；R 为理想气体常数。根据拟合后直线斜率计算得到该陶瓷电解质的活化能为 0.30eV。

对于电解质材料，为防止电池内部短路和自放电，要求其电子迁移数应小于 0.01，为电子绝缘体。固态电解质材料需要有较高的离子导电特性和极低的电子导电性，为区分交流阻抗测试时电子电导对总电导率的贡献，通过直流极化实验可以测得 LLTO 陶瓷电解质的电子电导率。采用 Ag 电极作为阻塞电极，极化电压为 1.0V，测试时间为 20000s，相应的电流随时间变化曲线如图 4-7 所示。可以看出：极化后的电流稳定在约 2.90×10^{-4} μA。根据电子电导率的计算公式得到LLTO 陶瓷电解质的电子电导率为 1.65×10^{-11}S/cm，比离子电导率(4.19×10^{-4}S/cm)低 7 个数量级，说明 LLTO 陶瓷电解质中离子电导占绝对主导位置，电子电导对总电导率和离子传导特性的贡献可忽略不计，也意味着其锂离子迁移数可近似为 1，满足固态电解质材料高离子电导、低电子电导的应用要求。

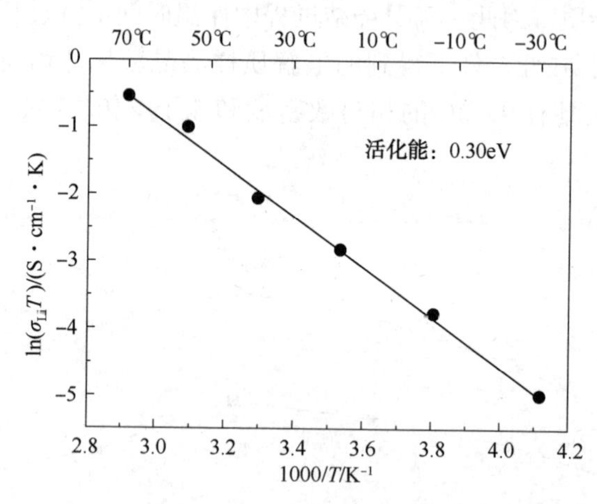

图 4-6　LLTO 陶瓷电解质的电导率随温度的变化曲线及活化能

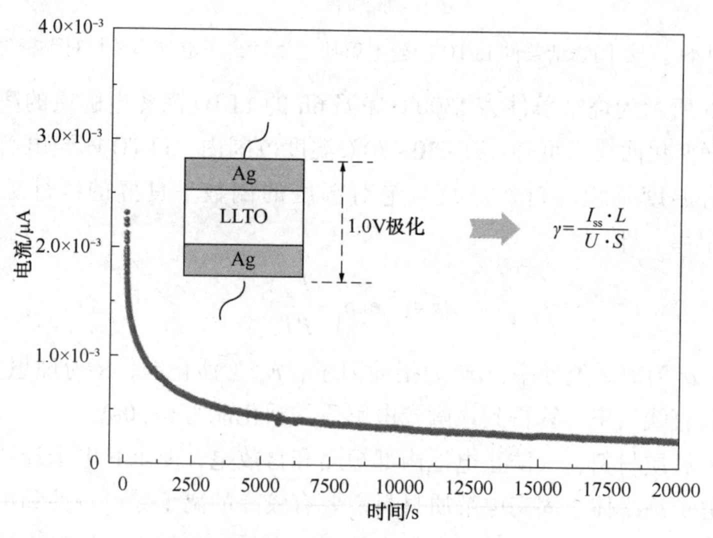

图 4-7　室温下 Ag | LLTO 陶瓷电解质 |Ag 电池
在 1.0V 极化电压下的电流-时间曲线

4.2.2 LLTO 与金属锂负极界面化学反应机制

图 4-8(a)所示为烧结温度为 1300℃，保温 6h 得到的 LLTO 陶瓷电解质。可以看出：该陶瓷电解质呈象牙色，表面光滑，光泽度高。然而在与金属锂直接接触 10h 后，LLTO 陶瓷电解质完全变为黑色[见图 4-8(b)]，说明二者之间发生了严重的副反应。将这种与金属锂发生化学反应的 LLTO 定义为锂化 LLTO。对比锂化前后 LLTO 陶瓷电解质的截面 SEM 图(图 4-8)可以看出：锂化后 LLTO 陶瓷内部晶粒形貌未发生明显变化，且在晶界处未观察到明显的锂枝晶。但是，其一次颗粒表面变得粗糙且边缘较亮，意味着锂化后 LLTO 的电子导电性增强[见图 4-8(b)]。

(a)LLTO陶瓷电解质

(b)锂化后LLTO陶瓷电解质

图 4-8 陶瓷电解质的光学照片及其截面 SEM 图

图 4-9 所示为发生锂化反应前后 LLTO 陶瓷电解质的室温 EIS 曲线，采用 Ag 电极作为阻塞电极。拟合后得出原始 LLTO 陶瓷电解质的总阻抗(包括本体及晶界电阻)值为 105 Ω，计算得到其室温离子电导率为 4.19×10^{-4}S/cm。在与金属锂发生还原反应后，锂化 LLTO 陶瓷电解质的总阻抗值提高约一个数量级。同时，不同于原始 LLTO 电解质，锂化后 LLTO 陶瓷电解质的 EIS 曲线在低频区的半圆完全与实轴相交，未出现 Warburg 阻抗响应，表现出非阻塞行为的特征。表明在低频区主要发生的物理过程是电子传导而不是阻塞行为的双电容，意味着锂化后的 LLTO 主要起电子导体的作用，这与 SEM 图观察到的变化趋势一致。

由于锂化后的 LLTO 陶瓷电解质表现出离子电子混合导体的特性，用 Ag 电极作为阻塞电极得到的电导率为离子电导和电子电导的总和，因此需要采用电子阻塞电极来测量其离子电导率。为排除电子载流子对离子电导率的干扰，采用含有 1.0M LiTFSI 的 PEO 聚合物电解质膜作为电子阻塞电极，同时以金属锂片作为锂源和集流体，阻塞电池组装完毕后在 80℃下加热 30min 以获得更好的电极界面

接触。采用的 PEO 聚合物电解质膜作为电子过滤器可以阻塞电子传输而不阻塞锂离子传输，该方法被广泛用于测量其他电极材料(如 $LiFePO_4$)的 MCI 性能。得到的拟合后 EIS 曲线如图 4-10 所示，其中高频区阻抗响应的半圆弧与实轴的交点对应 PEO 及 LLTO 的总电阻为 1021 Ω，中频区阻抗响应的半圆弧与实轴的交点对应 LLTO|PEO 及 Li|PEO 的界面电阻。假设 PEO 聚合物电子阻塞电极的电阻忽略不计，计算得到锂化后 LLTO 陶瓷电解质的室温离子电导率为 5.58×10^{-5} S/cm，与锂化前相比下降一个数量级。

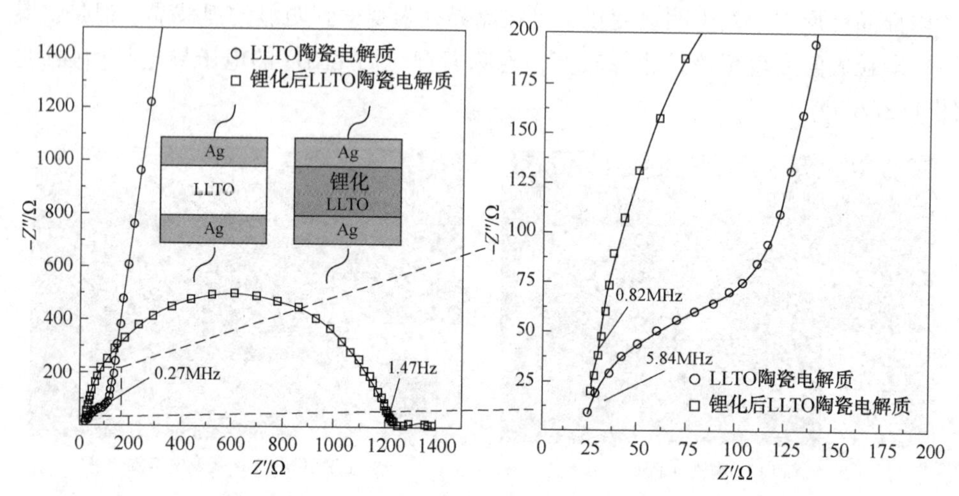

图 4-9　室温下 Ag|LLTO|Ag 及 Ag|锂化 LLTO|Ag 电池的 EIS 曲线

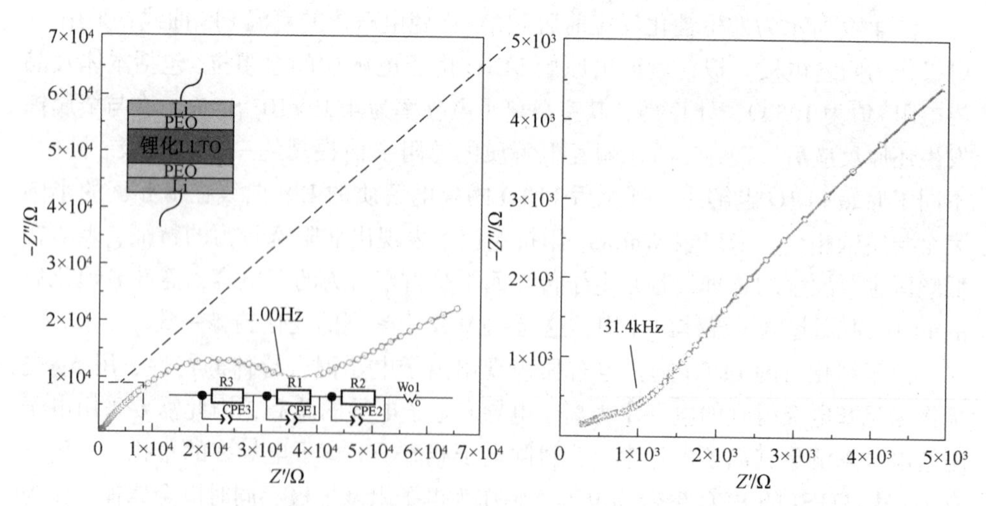

图 4-10　室温下 Li|PEO|锂化 LLTO|PEO|Li 电池的 EIS 曲线及等效电路

锂化后 LLTO 陶瓷电解质电子电导率同样采用 Ag 电极作为阻塞电极，极化电压为 1.0V，测试时间为 40000s，相应的电流随时间变化曲线如图 4-11 所示。可以看出：极化后的稳态电流约为 0.04A。根据电子电导率的计算公式得到锂化反应后 LLTO 陶瓷电解质的电子电导率为 2.28×10^{-3}S/cm。与原始 LLTO 陶瓷电解质的电子电导率(1.65×10^{-11}S/cm)相比，经过锂化反应后其电子电导率提高了 8 个数量级。综合锂化反应前后 LLTO 的离子电导率及电子电导率的变化可以得出，锂化 LLTO 转变为离子电子混合导体。

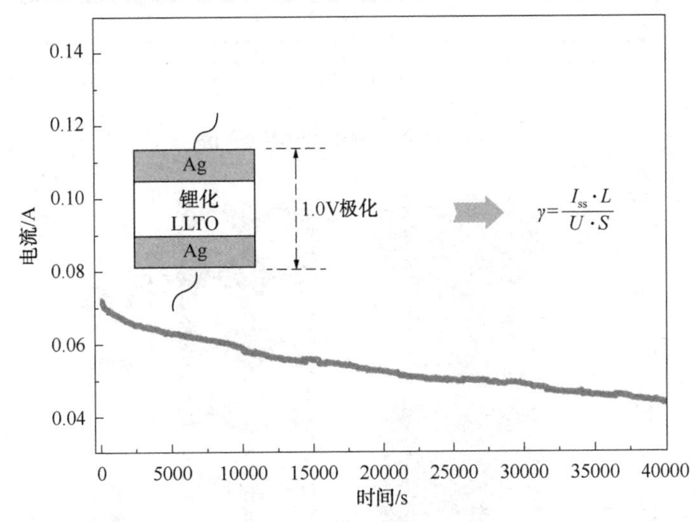

图 4-11 室温下 Ag|锂化 LLTO|Ag 电池在 1.0V 极化电压下的电流-时间曲线

为进一步解析锂化前后 LLTO 晶体结构的变化，图 4-12 所示为锂化前后样品的 XRD 精修图谱及结构优化晶体结构模型。本节应用 XRD 精修，定性分析出 Li、La、Ti、O 原子的占位情况及晶胞参数变化。图 4-12(a)所示为锂化前原始 LLTO 的 XRD 精修图谱，精修过程中，将实验测试曲线和立方相的 $Li_{0.33}La_{0.557}TiO_3$ (JCPDF#87-0935)模型之间进行拟合，得到较高的拟合度 $R_{wp}=7.659\%$，说明样品的精修结果准确。同时，通过精修原子位置参数和位移参数获得所有原子的占位因子(Site Occupancy Factors，SOF)，并将原子约束在特定位置上。LLTO 的晶体结构精修结果见表 4-1。可知：$a=3.88113(86)$Å，23.0% Li 和 77.0% La 共同占据在(0，0，0)位置上，形成了贫锂层；40.1% Li、34.5% La 和 25.4%空位共同占据在(0，0，0.5)位置上，形成了富锂层。富锂层和贫锂层交叠形成立方相 LLTO，晶体结构模型如图 4-12(b)所示，贫锂层层间距为 3.85Å，富锂层层间距为 3.89Å。

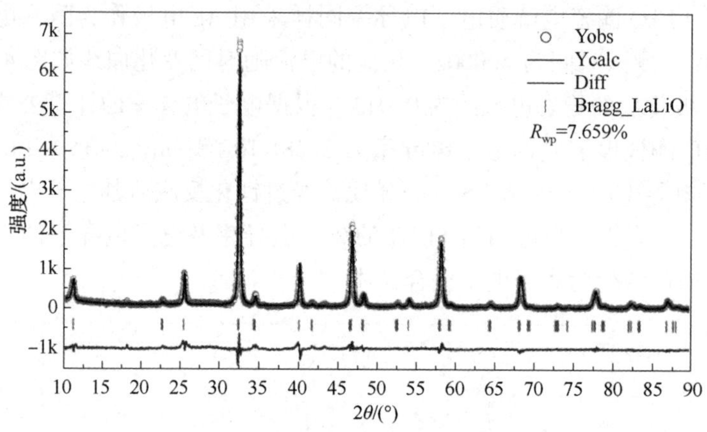

(a)LLTO陶瓷电解质的XRD精修图谱

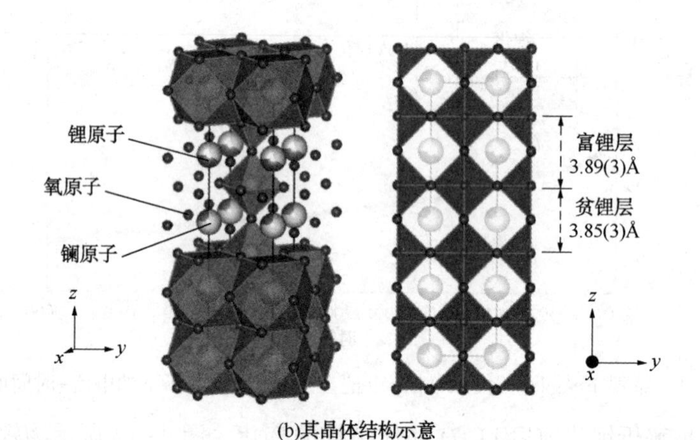

(b)其晶体结构示意

图 4-12 LLTO 陶瓷电解质的 XRD 精修图谱及其晶体结构示意

表 4-1 LLTO 陶瓷电解质的 XRD 精修信息 a=3.88113(86) Å，R_{wp}=7.659%

原子	位置	Uiso×100	占有率
La1	0，0，0	1.16(29)	0.77
Li1	0，0，0	1.16(29)	0.23(3)
La2	0，0，0.5	0.10(88)	0.345
Li2	0，0，0.5	0.10(88)	0.401
Ti	0.5，0.5，0.2562(31)	0.10(18)	1
O1	0.5，0.5，0	2.50(78)	1
O2	0.5，0.5，0.5	2.50(78)	1
O3	0，0.5，0.2485(15)	2.50(37)	1

锂化后 LLTO 的 XRD 精修图谱及晶体结构如图 4-13 所示，其精修重均因子 R_{wp}=4.822%，说明拟合度很高，精修结果准确。晶胞参数及原子占位精修结果见表 4-2。可知：Ti 的占位从[0.5，0.5，0.2562(31)]变为[0.5，0.5，0.2568(40)]，Ti 原子的原子占位在 *y* 方向上发生偏移，意味着锂化过程中 Ti 原子作为电荷补偿元素发生价态变化，Ti^{4+}发生还原，说明 LLTO 中 Ti 与金属锂主要发生氧化还原反应。此外，值得注意的是，通过对比锂化前后锂层变化，富锂层中的 Li 含量从 40.1%增长至 50%，证明发生锂化过程。说明 LLTO 与金属锂发生相互作用时，Li 趋向于进入 LLTO 晶格富锂层，并占据在富锂层空位(0，0，0.5)。同时，通过锂层间距变化可知，富锂层层间距从 3.89Å 增大到 4.03Å，归因于锂化过程扩大了富锂层的层间距。晶胞参数 *c* 由 7.7403(19)Å 增大至 7.77198Å，晶胞体积从 116.593(59)Å^{3}增大至 116.987Å^3。

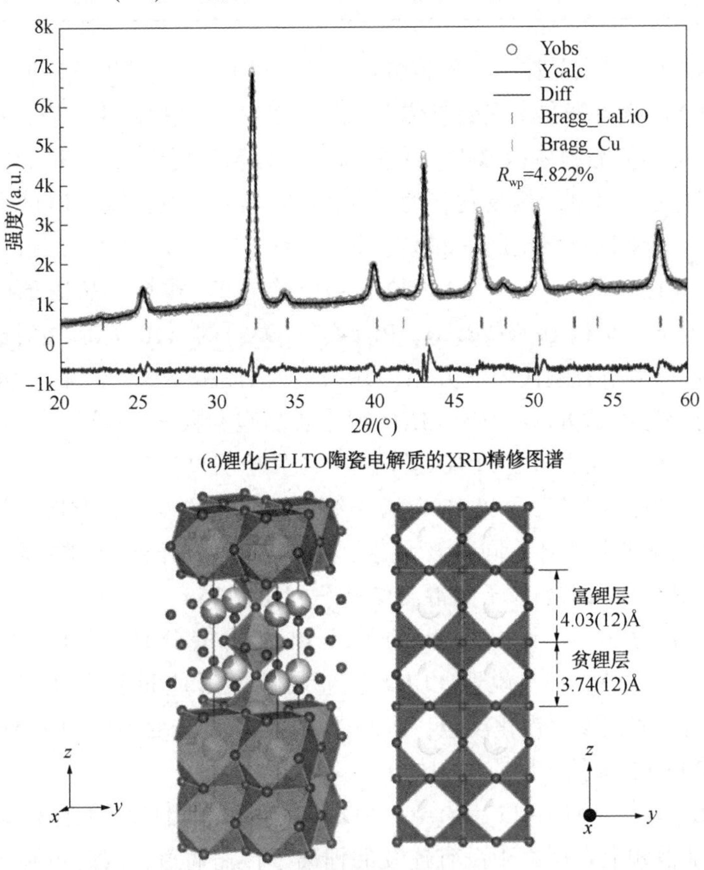

(a)锂化后LLTO陶瓷电解质的XRD精修图谱

(b)其晶体结构示意

图 4-13 锂化后 LLTO 陶瓷电解质的 XRD 精修图谱及其晶体结构示意

表 4-2　锂化后 LLTO 陶瓷电解质的 XRD 精修信息

a=3.8797(13)Å，R_{wp}=4.822%

原子	位置	Uiso×100	占有率
La1	0，0，0	0.1(17)	0.745(74)
Li1	0，0，0	0.1(17)	0.216
La2	0，0，0.5	1.0(26)	0.32
Li2	0，0，0.5	1.0(26)	0.5
Ti	0.5，0.5，0.2568(40)	0.1(26)	1
O1	0.5，0.5，0	0(10)	1
O2	0.5，0.5，0.5	2(11)	1
O3	0，0.5，0.2408(71)	0.4(48)	1

综上 XRD 精修及晶体结构模拟分析可知：LLTO 与金属锂反应时，金属锂趋向进入 LLTO 晶格占据在富锂层空位上，并与 Ti 发生氧化还原反应，扩大了富锂层层间距，进而使晶胞体积增大。下面通过高分辨透射电镜（HRTEM）揭示锂化前后 LLTO 的原子级别结构变化，通过 XPS 来解析 Ti 发生反应时的电荷补偿变化，进一步完善 LLTO 与金属锂的深层反应机制。

如图 4-14(a)所示，可以清晰地看到原始 LLTO 颗粒的晶格条纹层间距为 0.281nm，与立方结构 LLTO(ICSD，PDF#87-0935)的(110)晶面相对应。锂化后 LLTO 同样可以清晰看到代表立方相(110)晶面的晶格条纹[见图 4-14(b)]，其晶格条纹间距为 0.279nm，说明 LLTO 锂化后晶胞参数 a、b 变小，这与 XRD 精修结果一致，同时也证明了 LLTO 锂化后并未发生明显相变。

值得注意的是，锂化后 LLTO 晶粒边缘呈现明显的玻璃态质地，其选区傅里叶变换图为模糊的弥散环，同时该无定形主体区域存在小部分的纳米晶，说明该包覆层为非晶相和纳米晶粒子的混合结构(见图 4-15)。结合 EDS 分析表明[见图 4-15(c)、(d)]，该非晶相的元素组成质量分数为 O(73.55%)，Ti(18.10%)，La(8.35%)。说明 LLTO 与金属锂的反应过程是由外及内扩散，LLTO 表层与金属锂发生锂化反应，将外层晶体 LLTO 转变为 Li-La-Ti-O 非晶化合物及 LLTO 的纳米晶。反应机制如下：

$$Li_{0.33}La_{0.557}TiO_3+Li^++e^-\rightarrow$$(Li-La-Ti-O)非晶相+LLTO 纳米晶

晶相-非晶相混合层由于没有连续的锂离子传输通道，因此不利于锂离子传输，这与上述阻抗测试中得到的锂化 LLTO 的锂离子电导率下降的结果一致。

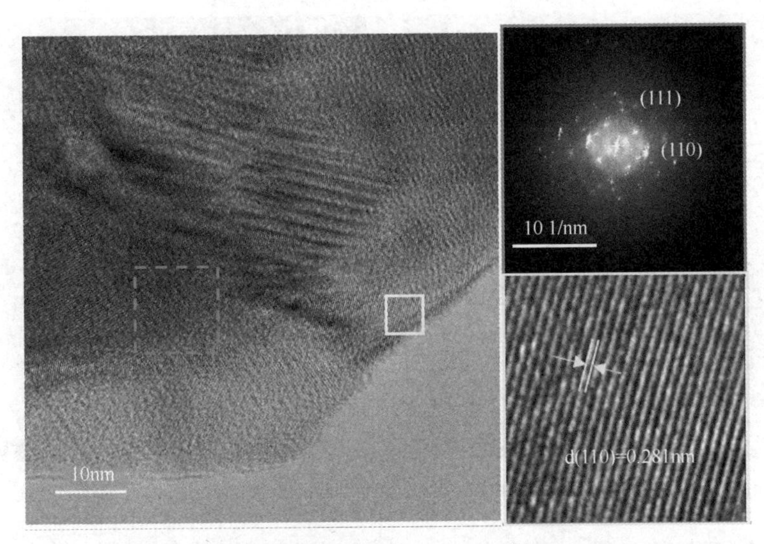

(a)LLTO陶瓷电解质的HRTEM及对应区域的傅里叶变换

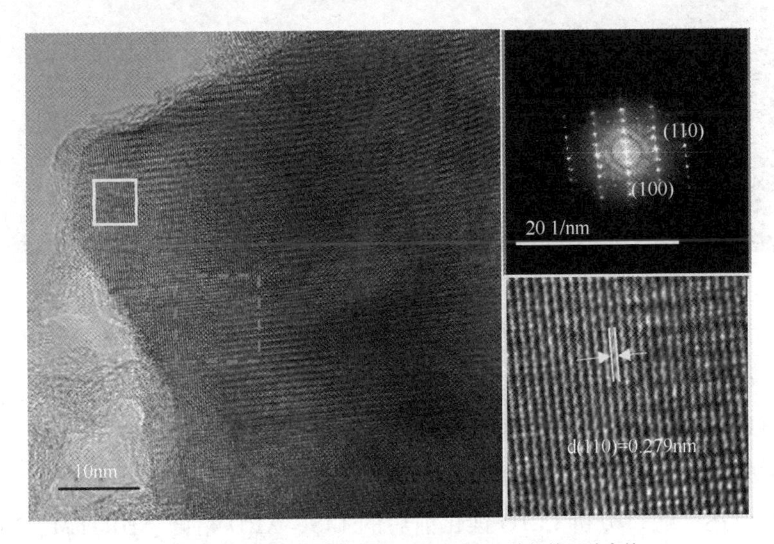

(b)锂化LLTO陶瓷电解质的HRTEM及对应区域的傅里叶变换

图 4-14　LLTO 陶瓷电解质和锂化 LLTO
陶瓷电解质的 HRTEM 及对应的傅里叶变换

为研究 LLTO 与金属锂之间的化学失效过程，采用 XPS 分析 LLTO 在锂化前后的元素价态变化(见图 4-16)。可以发现，锂化前后样品的 Li 1s、La 3d、O 1s 的特征峰均未发生变化。如图 4-16(c)所示，对于原始的 LLTO，在 457.7eV 和

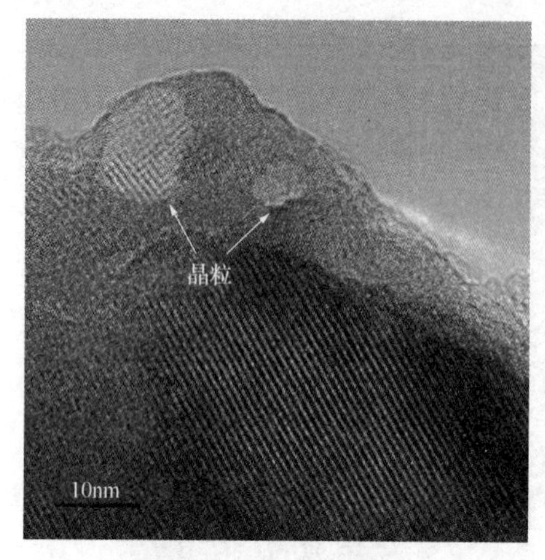

(a)锂化LLTO陶瓷电解质的HRTEM

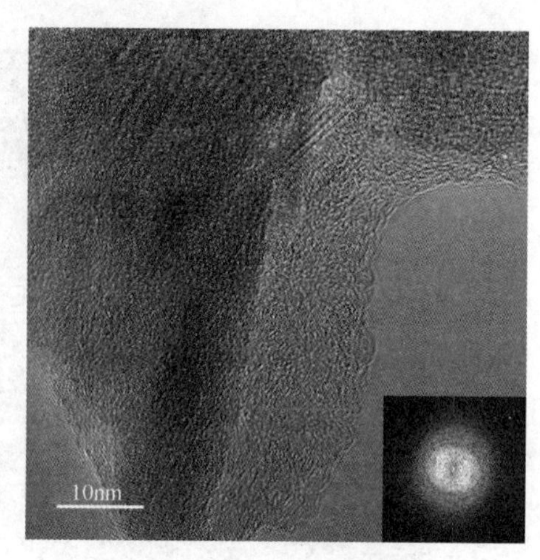

(b)无定形区域相应的傅里叶变换

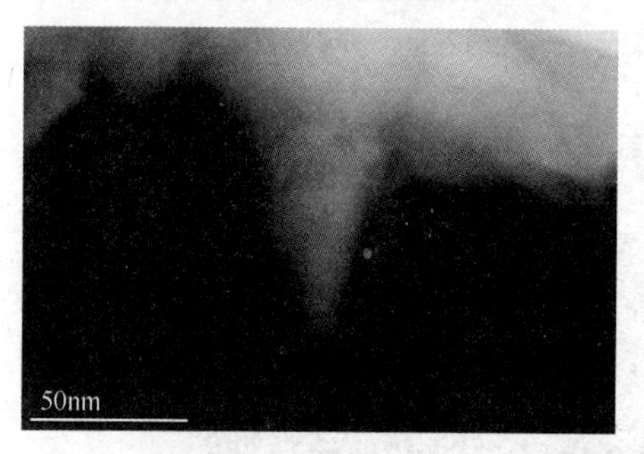

(c)EDS图谱

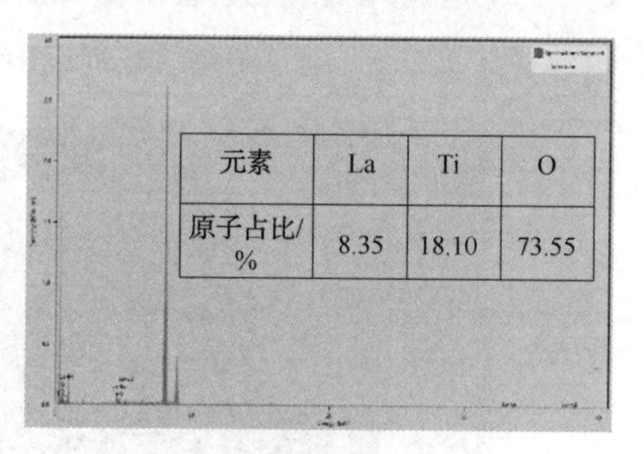

元素	La	Ti	O
原子占比/%	8.35	18.10	73.55

(d)相应元素百分比

图 4-15　锂化后 LLTO 非晶相及纳米晶结构分析

463.5eV 对应 Ti^{4+} 的 $2p_{3/2}$ 和 $2p_{1/2}$ 特征峰。在与金属锂发生锂化反应后，锂化后 LLTO 在低结合能出现两个新的特征峰，对应于 Ti^{3+} $2p_{3/2}$ 和 Ti^{3+} $2p_{1/2}$，说明锂化过程伴随着电子不断注入 LLTO 电解质中，导致部分 Ti^{4+} 被还原为 Ti^{3+}。

综上所述，通过分析 LLTO 锂化前后的 EIS、XRD 精修、HRTEM、XPS 等表征结果可知，LLTO 与金属锂之间会发生严重的副反应：金属锂会将 LLTO 中高价态的 Ti^{4+} 还原成 Ti^{3+}，同时 Li 原子趋向于进入 LLTO 富锂层，并占据在空位位置，扩大层间距，导致 LLTO 晶胞增大。此外，随着反应时间的延长，界面副反应越来越严重。金属锂和 LLTO 的反应由外及里推进，在 LLTO 颗粒表层生成副反应物质：Li-La-Ti-O 的非晶化合物和纳米晶混合层。结合 EIS 测试结果可知，该副反应包覆层不利于锂离子传导，导致 LLTO 失效衰退。

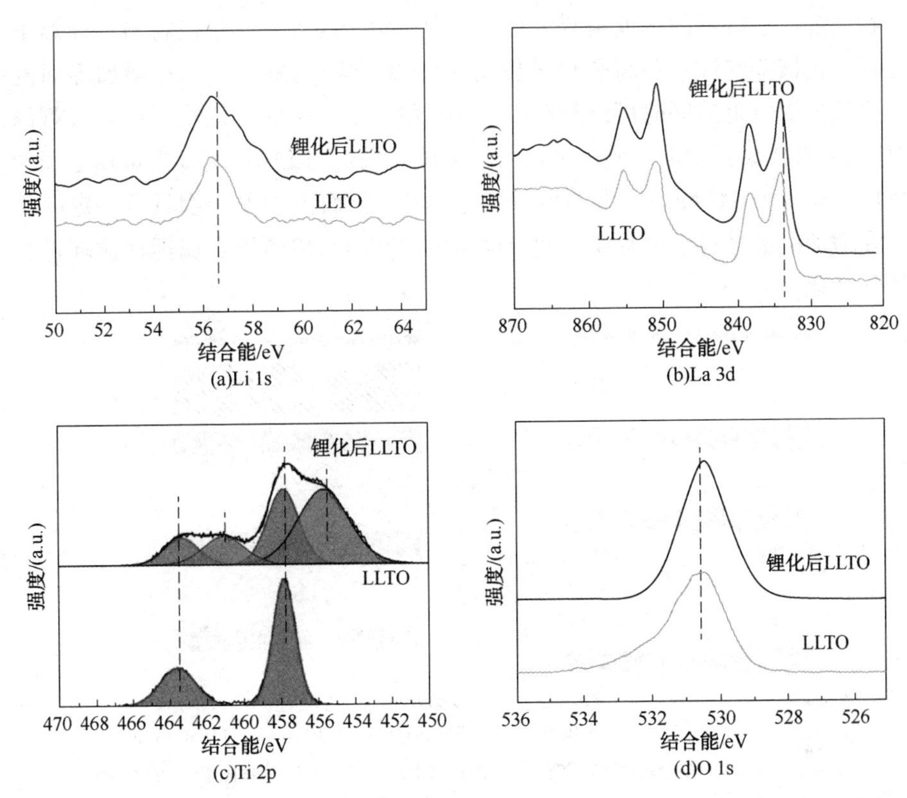

图 4-16 锂化前后 LLTO 陶瓷电解质的 Li 1s、La 3d、Ti 2p、O 1s 的 XPS 分区图谱

4.2.3 LLTO 陶瓷电解质界面的非对称修饰

(1) PAN/LLTO/PVDF-HFP 的形貌分析

对于正极侧电极/电解质界面，颗粒状正极活性材料与陶瓷电解质均为刚性较强的固体材料，在组装成固态电池时界面处为“固-固”点接触，由于物理接触差而导致固态电池的界面阻抗较大，极化现象严重，甚至无法进行正常的充/放电循环。对于负极侧电极/电解质界面，除同样存在接触不良问题以外，LLTO 与金属锂之间还存在严重的化学/电化学不稳定问题。为解决以上问题，本章设计了一种非对称双界面修饰的结构，即在 LLTO 陶瓷电解质靠近正极侧界面引入 PAN 电解质缓冲层，在靠近负极侧界面引入 PVDF-HFP 电解质缓冲层。为浸润正、负极表面，在电池组装时，分别在正、负极两侧滴加 5μL 的碳酸酯类电解液，电解液被多孔的聚合物电解质层吸收，聚合物凝胶缓冲层可以充分地润湿电极与电解质界面，改善界面接触。图 4-17 所示为对 LLTO 陶瓷电解质界面进行

聚合物电解质层修饰的电池组装示意。其中，由于高镍三元正极材料中镍离子氧化性强，正极侧修饰具备高氧化电位的 PAN 聚合物电解质层，在增加界面浸润性、降低界面电阻的同时可以与高电压正极材料 NCM622 相匹配。而负极侧修饰的 PVDF-HFP 聚合物电解质一方面可以阻隔金属锂与 LLTO 陶瓷电解质之间的化学反应，解决 LLTO 固态电池的界面问题；另一方面由于聚合物具备一定的黏弹性，在增加电极材料与电解质之间界面接触的同时可以缓解金属锂在循环过程中的体积变化。

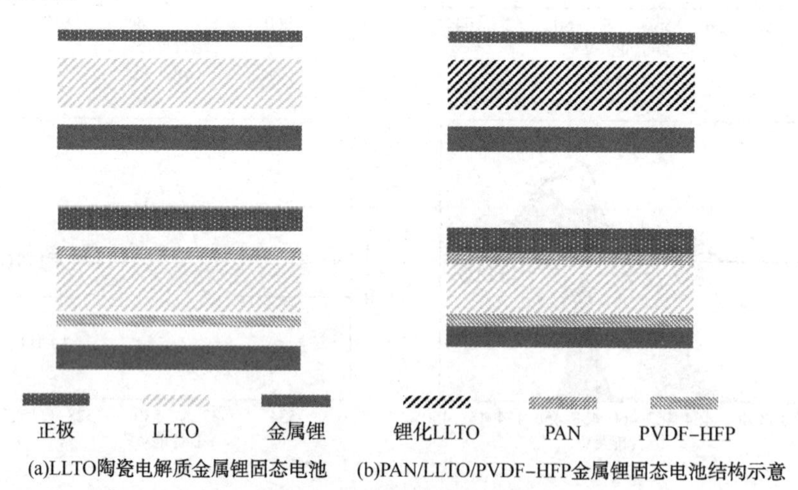

图 4-17　LLTO 陶瓷电解质金属锂固态电池及
PAN/LLTO/PVDF-HFP 金属锂固态电池结构示意

从图 4-18(a)可以看出：LLTO 陶瓷电解质厚度约为 540μm，PAN 和 PVDF-HFP 电解质缓冲层的厚度分别约为 40μm 和 20μm。另外，相应的 EDS 元素分布图显示，Ti 元素来自 LLTO 陶瓷电解质，N 元素来自 PAN 聚合物电解质缓冲层，F 元素来自 PVDF-HFP 电解质缓冲层。结果表明，两侧的电解质缓冲层可以紧密地附着在 LLTO 陶瓷电解质表面。图 4-18(b)和(c)分别为 PVDF-HFP 和 PAN 电解质缓冲层的扫描电镜照片，可以看出聚合物电解质缓冲层表面平整、多孔，而从截面图可以看出聚合物电解质缓冲层厚度均一。

(2) PAN/LLTO/PVDF-HFP 的电化学性能

图 4-19(a)、(b)所示为 PAN/LLTO/PVDF-HFP 在温度为 20～80℃ 内的阻抗图谱，相应的拟合阿伦尼乌斯线如图 4-19(c)所示。可以看出：30℃ 时 PAN/LLTO/PVDF-HFP 的离子电导率为 3.76×10^{-4}S/cm。PAN/LLTO/PVDF-HFP 电解质电导率随测试温度的变化规律与 LLTO 陶瓷电解质一致，电导率的对数 log(σ)

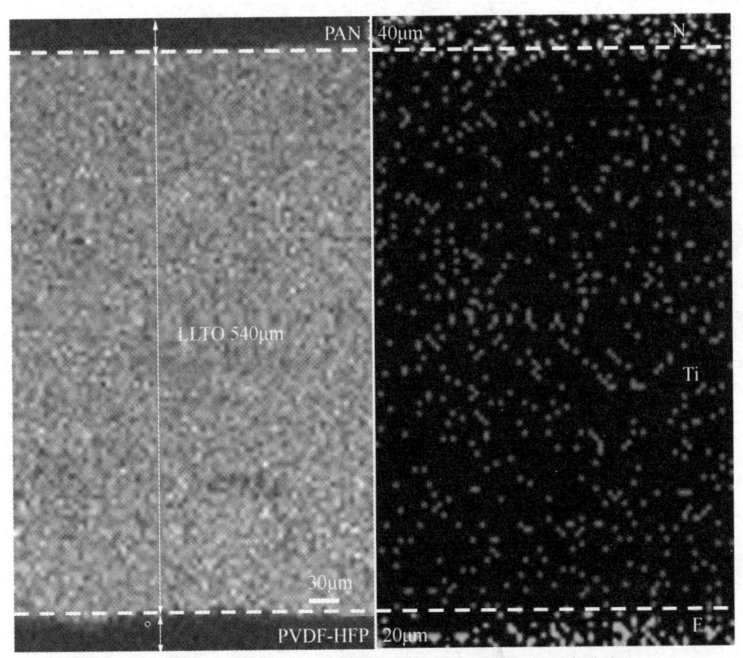

(a)PAN/LLTO/PVDF-HFP的截面扫描电镜及EDS元素分布

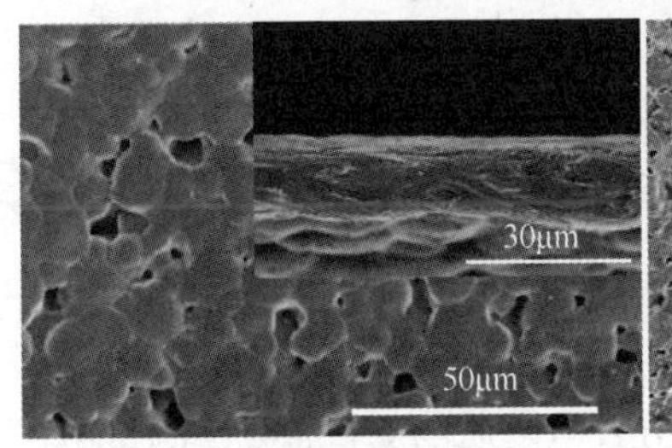

(b)PVDF-HFP电解质扫描电镜图，插图：缓冲层截面图

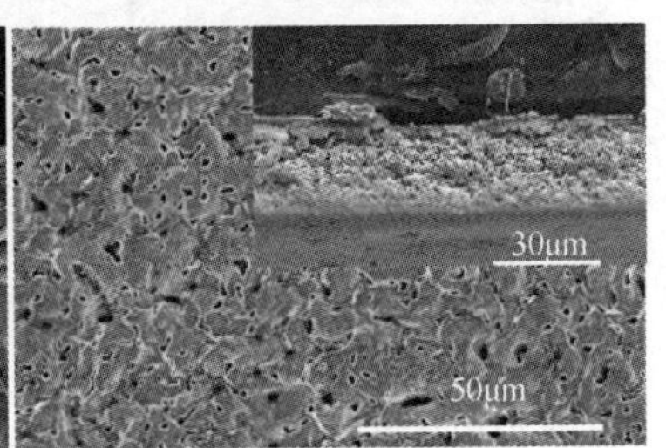

(c)PAN电解质扫描电镜图，插图：缓冲层截面图

图 4-18　不同样品扫描电镜照片及 EDS 元素分布图

与绝对温度的倒数 $1000/T$ 呈线性相关，根据图中的拟合结果发现其遵循 Arrhenius 关系。根据式(4-2)计算得出 PAN/LLTO/PVDF-HFP 的锂离子迁移活化能为 0.32eV。相比于没有修饰层的 LLTO 陶瓷电解质，锂离子迁移活化能增大。这是因为聚合电解质缓冲层的引入在一定程度上降低了锂离子的迁移能力。图 4-19(d)所示为室温下 Li|PAN/LLTO/PVDF-HFP|Li 对称电池的恒电压极化电流-时间曲线和交流阻抗图谱。设置极化电压为 10mV，测试时间为 4000s，计算得到 PAN/LLTO/PVDF-HFP 的离子迁移数为 0.56。

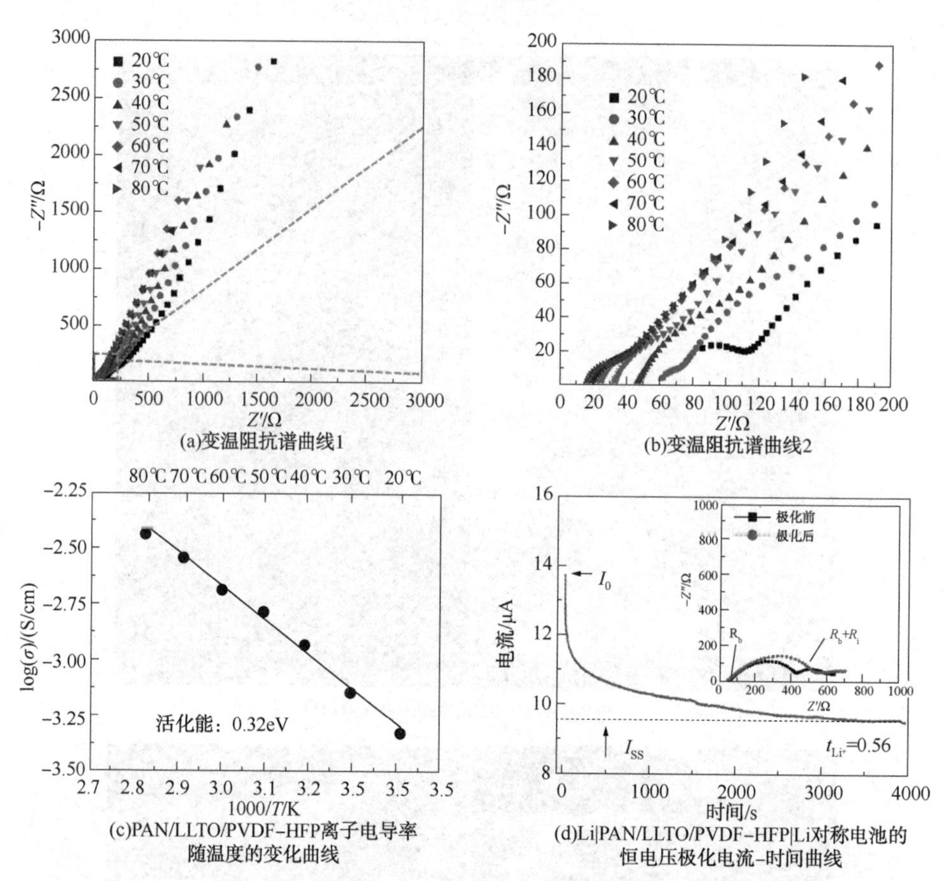

图 4-19　室温下 Li | PAN/LLTO/PVDF-HFP |Li 对称电池的恒电压极化电流-时间曲线和交流阻抗图谱(插图：初始状态和稳定状态下的交流阻抗图谱)

图 4-20 所示为 PAN/LLTO/PVDF-HFP 电解质的 CV 曲线，测试电压为-0. 5~2. 5V，扫描速度为 0. 1mV/s。可以看出：在-0. 5~0. 5V 范围内该还原扫描曲线有一对 Li^{+}/Li 的溶出和沉积对应峰，说明 PAN/LLTO/PVDF-HFP 表现出良好的锂离子沉积/溶出可逆性。

为进一步测试电解质在高电位下的电化学稳定性，通过线性扫描伏安法(LSV)在 2. 5~5. 5V 的扫描电压区间内进行测试，扫描速度为 0. 1mV/s。从图 4-21 可以看出：PVDF-HFP 聚合物缓冲层的氧化分解电位为 4. 6V，而 PAN 聚合物缓冲层的氧化分解电位为 4. 9V，满足高电压三元正极材料电化学窗口的需要。PAN/LLTO/PVDF-HFP 电解质的氧化分解电位为 4. 7V，介于两种聚合物电解质缓冲层之间，说明 PAN/LLTO/PVDF-HFP 电解质整合了各部分电解质层的优势，分散了电压降，其电化学窗口可以满足目前所有高电压正极材料的应用要求。

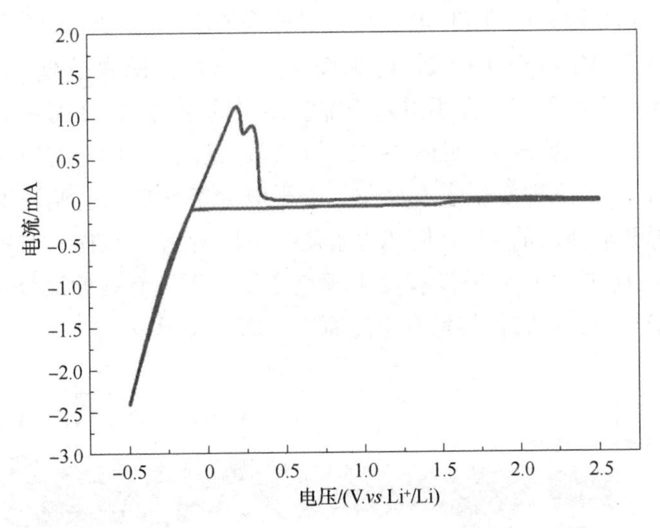

图 4-20　PAN/LLTO/PVDF-HFP 电解质的 CV 曲线

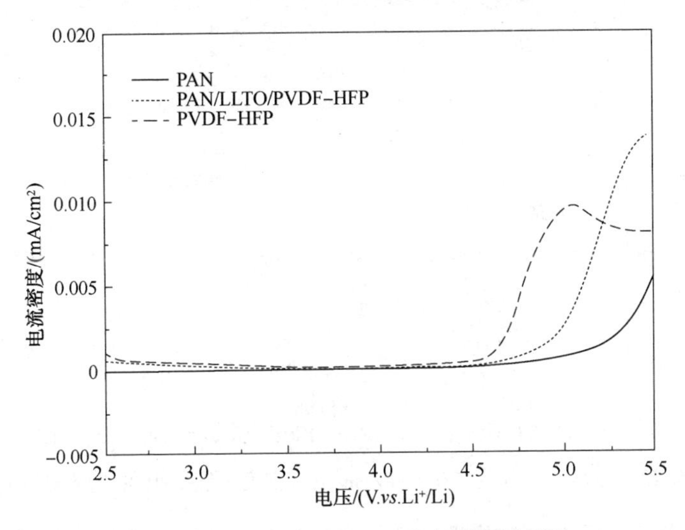

图 4-21　PAN、PVDF-HFP 电解质缓冲层及
PAN/LLTO/PVDF-HFP 电解质的 LSV 曲线

(3) PVDF-HFP|LLTO|PVDF-HFP 与金属锂的界面稳定性研究

为验证 PVDF-HFP 聚合物缓冲层的界面修饰效果，在 LLTO 陶瓷电解质两侧均用 PVDF-HFP 聚合物缓冲层进行修饰，同时构建 Li || Li 对称电池。测试电流密度采用 $0.1mA/cm^2$，每个沉积/溶出周期为 1h。图 4-22 所示对比了 LLTO 陶瓷电解质界面修饰前后锂沉积/溶出过程中电压随时间的变化。其中

PVDF-HFP|LLTO|PVDF-HFP 电解质的锂对称电池循环 300h 仍然能够稳定运行，表现出可逆的锂沉积/溶出过程[见图 4-22(a)]，说明修饰后的 LLTO 陶瓷电解质与金属锂界面稳定。而不引入修饰缓冲层的原始 LLTO 陶瓷电解质样品从开始测试时即出现短路现象[见图 4-22(b)]，这是因为 LLTO 陶瓷电解质与金属锂直接接触后，Ti^{4+} 立即发生还原反应，电子电导率增加，电池发生短路。插图为测试结束拆开电池后的 LLTO 陶瓷电解质，可以看出：PVDF-HFP 聚合物缓冲层修饰过的 LLTO 陶瓷电解质没有发生颜色变化，而没有缓冲层修饰的 LLTO 陶瓷电解质由于与金属锂直接接触发生还原反应而出现黑色区域。

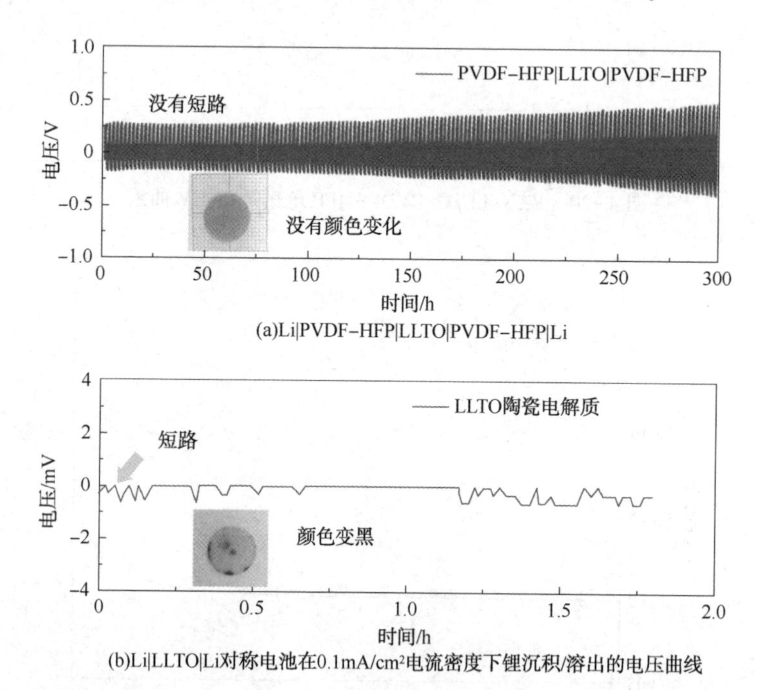

图 4-22　锂锂对称电池在 0.1mA/cm² 电流密度下锂沉积/溶出的电压曲线

为进一步了解界面处的化学反应，对循环后的 LLTO 陶瓷电解质进行非原位 XPS 测试。如图 4-23 所示，未修饰 PVDF-HFP 缓冲层的 LLTO 陶瓷电解质表面在与锂金属接触后，$Ti^{4+}\,2p_{3/2}$ 和 $Ti^{4+}\,2p_{1/2}$ 峰的低键能侧均出现了代表 Ti^{3+} 的肩峰，说明 LLTO 中的部分 Ti^{4+} 被锂还原为 Ti^{3+}。而经过 PVDF-HFP 缓冲层修饰后的 LLTO 陶瓷电解质表面则未出现 Ti^{3+}，说明 PVDF-HFP 聚合物缓冲层对锂具有很好的界面稳定性，能有效地避免 LLTO 与锂金属直接接触，形成稳定的金属锂负极/电解质界面。

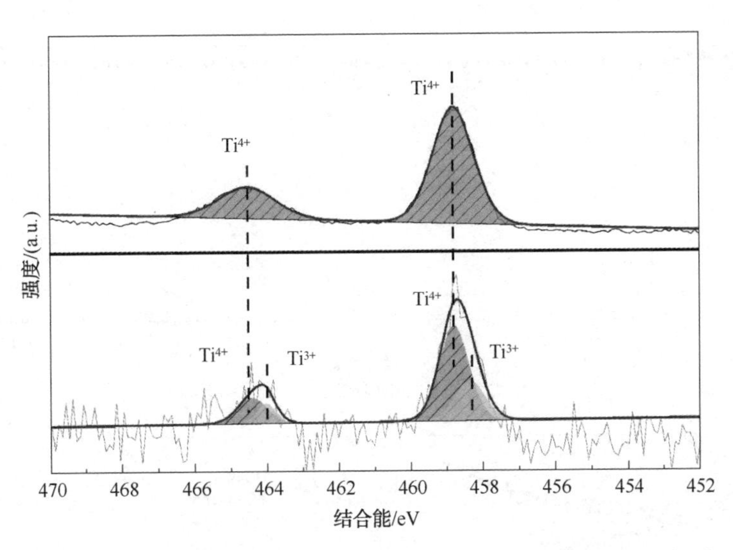

图 4-23 LLTO 陶瓷电解质及 PVDF-HFP | LLTO |PVDF-HFP 电解质对金属锂侧表面 Ti 元素的 XPS 图谱

(4) PAN | LLTO |PVDF-HFP 电化学性能表征

为进一步测试 PAN/LLTO/PVDF-HFP 电解质在全电池中的表现情况，实验以 $LiNi_{0.6}Mn_{0.2}Co_{0.2}O_2$(NCM622)为正极，金属锂为负极，组装成NCM622 || Li扣式电池进行测试。图 4-24(a)所示为 NCM622 || Li 电池在 2.8~4.3V 电压区间内，电流密度为 0.1C 时的循环性能和库仑效率变化曲线。其中，电池的首周放电比容量为 161.3mA · h/g，循环 65 周后可逆放电比容量为 127.8mA · h/g，相应的容量保持率为 79.2%。该电池在 0.1C 循环时，其不同周数的充/放电曲线如图 4-24(b)所示。可以明显看出：放电平台在 3.78V 左右，对应于 Ni^{2+}/Ni^{4+} 的氧化还原反应。随着循环进行，电池的充/放电电压平台上升/下降缓慢，说明 PAN/LLTO/PVDF-HFP 电解质与正、负极之间良好的界面稳定性保证了电池的循环稳定性。

图 4-24(c)所示为 Li || NCM622 电池的倍率阶梯循环性能，当所施加的电流密度依次为 0.1C、0.2C、0.5C 时，该电池在每个倍率下的最高放电比容量分别为 163.7mA · h/g、154.7mA · h/g、129mA · h/g。随着电流密度增大，其放电比容量下降，当电流密度为 1C 和 2C 时放电比容量仅为 69.5mA · h/g、16.3mA · h/g，5C 时放电比容量几乎衰减至零，这主要是由于大电流下极化增大导致的。值得注意的是，当电流密度重新回到 0.1C 时，电池的放电比容量可以迅速恢复到 155.3mA · h/g。结果表明：PAN/LLTO/PVDF-HFP 电解质在经历了大倍率循环后仍能保持结构的稳定性，且适合应用在较小的电流密度下。

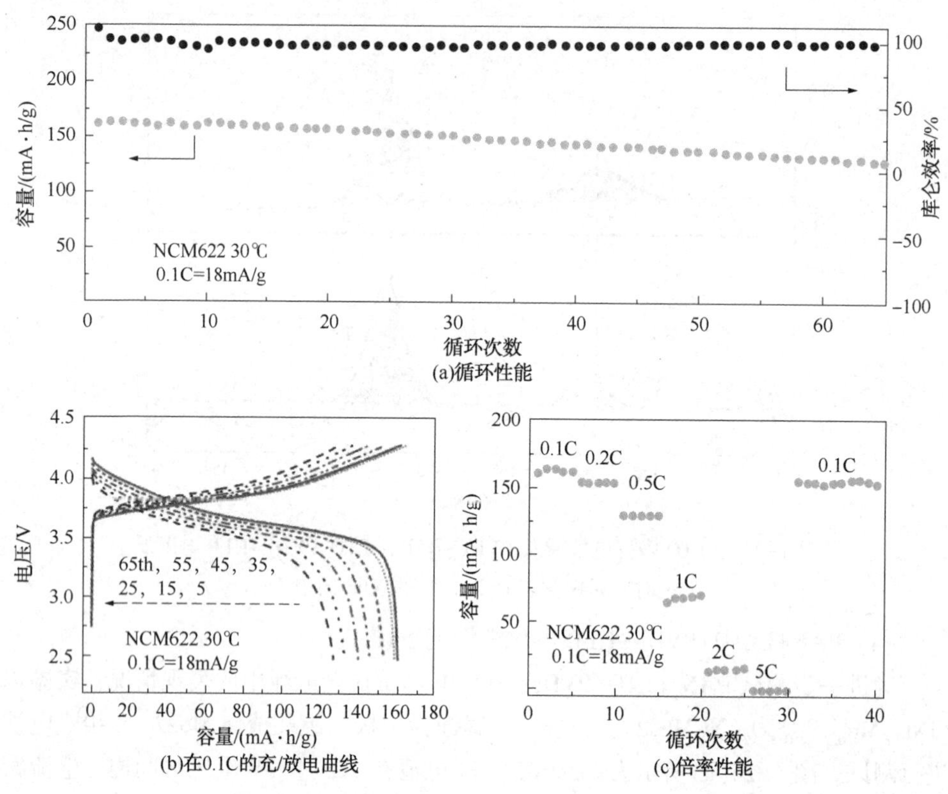

图 4-24 PAN|LLTO|PVDF-HFP 固态电解质组装成的 Li||NCM622 电池

4.3 本章小结

首先，本章通过常压烧结法制备了具备高离子电导、低电子电导的 LLTO 陶瓷电解质。其次，通过结合电化学方法及多种微观表征技术系统地研究了 LLTO 与金属锂的界面反应过程，阐明了二者之间的化学反应机制。最后，为避免 LLTO 陶瓷电解质中 Ti^{4+} 被金属锂还原，保障 LLTO 陶瓷电解质与金属锂负极之间的兼容性。同时降低 LLTO 陶瓷电解质与高电压三元材料 NCM622 正极界面的阻抗，构建连续的锂离子传输通道。采用匀胶涂覆的方法将耐高电压的 PAN 聚合物电解质膜及可以阻隔金属锂还原反应的 PVDF-HFP 聚合物电解质膜分别修饰在 LLTO 陶瓷电解质的正、负极界面侧，制备非对称双界面修饰的 PAN|LLTO|PVDF-HFP 固态电解质。该非对称双界面修饰后的固态电解质结合了正、负极界面修饰层及中间陶瓷电解质层的优势，协同提升了 LLTO 固态电池的电化学性能。具体结论如下：

(1) 通过常压烧结法制备了钙钛矿型 LLTO 陶瓷电解质，并探索了不同烧结条件对 LLTO 陶瓷电解质性能的影响。在烧结温度为 1300℃、保温时间为 6h、升温速率为 5℃/min 的烧结条件下得到的陶瓷电解质室温离子电导率可达到 4.19×10^{-4}S/cm，电子电导率为 1.65×10^{-11}S/cm，相对致密度可达到 99.3%。

(2) 通过电化学阻抗、XRD 精修、HRTEM、XPS 等方法系统研究了 LLTO 与金属锂界面的化学失效过程。研究表明：在与金属锂直接接触后，LLTO 陶瓷电解质的室温离子电导率下降，电子电导有大幅度提升。金属锂将 LLTO 界面处高价态的 Ti^{4+} 还原成 Ti^{3+}，同时 Li 原子趋于 LLTO 富锂层的空位位置，扩大富锂层层间距，过多的 Li 占据在锂传输通道阻碍了 LLTO 中锂离子的迁移。此外，金属锂和 LLTO 的反应过程由外及内持续进行，在 LLTO 颗粒表层生成由 Li-La-Ti-O 的非晶化合物和纳米晶粒子组成的混合层，该副反应产物不利于锂离子传导，最终导致 LLTO 失效衰退。

(3) 经过界面修饰后的 LLTO 陶瓷电解质离子电导率可达到 3.76×10^{-4}S/cm，具备较宽的电化学窗口(4.7V *vs.* Li/Li^{+})。在匹配 NCM622 和金属锂负极后，该固态电池在 0.1C 的电流密度下表现出较好的循环稳定性，首周放电比容量为 161.3mA · h/g，在经过 65 周的充/放电循环后，放电比容量为 127.8mA · h/g，容量保持率为 79.2%。这种对 LLTO 陶瓷电解质进行非对称双界面修饰的方法为 LLTO 陶瓷电解质在固态锂金属电池中的应用提供了一种简单、有效的策略。

第5章

双层结构复合电解质及其界面稳定性研究

目前，包括无机电解质和聚合物电解质在内的诸多固态电解质材料已被广泛研究。在众多无机固态电解质中，钙钛矿型 LLTO 作为一种极具竞争力的氧化物固态电解质备受关注，主要原因是其具有较高的室温离子电导率。在第 4 章的研究工作中，LLTO 陶瓷电解质表现出优异的室温离子电导率，在进行界面修饰后可以组装成固态电池进行稳定的充/放电循环。同时，由于 LLTO 陶瓷电解质本身具有较高的机械强度和不燃性，有望从根本上解决传统锂金属电池的安全问题。但是，氧化物陶瓷电解质在电池装配的过程中容易碎裂，目前现有的工艺水平很难大规模生产基于氧化物陶瓷电解质的固态电池。为解决上述问题，研究者采取了许多策略，其中之一是将 LLTO 作为活性填料引入聚合物固态电解质中制备有机-无机复合固态电解质。

相比于无机陶瓷固态电解质，聚合物固态电解质具有良好的灵活性、轻便性和易于加工等优点，适用于大规模生产，因此得到广泛的研究。此外，与无机陶瓷电解质相比，聚合物固态电解质对电极材料的浸润性好，可以与电极材料颗粒之间保持紧密接触，保证锂离子传输的连续性。然而，聚合物固态电解质室温离子电导率较低，普遍只有 $10^{-7}\sim10^{-6}$S/cm，远不能满足实际应用要求。因此，通过将无机固态电解质与聚合物电解质复合在一起进行优势互补，有望开发出兼顾无机电解质优异的电化学稳定性能和聚合物电解质良好的柔性及易加工特性的新型复合固态电解质。在众多聚合物电解质中，PEO 是研究最为广泛且最常见的一种聚合物基体，它具备较好的柔性和可塑性，同时对强还原性的金属锂有优异的稳定性。然而，由于其氧化稳定性较差，无法与高电压正极材料进行匹配，在一定程度上限制了其在高能量密度固态电池中的应用。相比之下，PVDF-HFP 作为聚合物基体具有较高的介电常数($\varepsilon=8.4$)，有助于锂盐解离。同时，结晶度较低的 PVDF-HFP 具备较高的耐氧化特性，可以与高电压正极材料相匹配。综上，设计和构建一种同时具备高离子电导率和优异的界面稳定性的新型结构固态电解质是实现高性能固态锂金属电池的关键。

本章将 LLTO 陶瓷纳米颗粒作为填料与 PVDF-HFP、LiTFSI 混合，通过流延刮涂法制备了一种有机-无机复合固态电解质膜 PVDF-HFP@ LLTO，并将 PEO 基聚合物电解质层通过熔融热压法修饰在该复合电解质膜一侧，设计并构建了一种双层结构的复合电解质膜 PVDF-HFP@ LLTO/PEO。在该双层结构固态电解质膜中，PEO 基电解质层作为保护层避免了 PVDF-HFP@ LLTO 与金属锂负极直接接触，提高了与金属锂负极的界面相容性和浸润性。而 PVDF-HFP@ LLTO 中 PVDF-HFP 聚合物基体具备较宽的电化学窗口，可以与高镍 NCM 正极材料匹配。该复合固态电解质在 60℃ 的工作温度下表现出较高的离子电导率，同时表现出良好的热稳定性和机械性。固态 Li || $LiFePO_4$ 及 Li || $LiNi_{0.6}Co_{0.2}Mn_{0.2}O_2$ 电池均表现出良好的循环稳定性和倍率性能。

5.1 材料的制备

5.1.1 PEO 电解质层的制备

PEO 和 LiTFSI 粉体在使用前需提前置于真空干燥箱中，在 60℃ 下真空干燥 24h 以除去其中的水分。将一定质量的 PEO 与 LiTFSI 按照摩尔比 PEO：LiTFSI = 18：1 溶于乙腈溶剂中，磁力搅拌直至完全溶解。将上述混合溶液浇注在聚四氟乙烯板上，在充满氩气的手套箱中干燥 24h 以上，得到 PEO 基聚合物电解质膜。

5.1.2 PVDF-HFP@LLTO 复合固态电解质的制备

将第 4 章中溶胶凝胶法所制备的 LLTO 粉体经过 2h 机械球磨的细化处理，分别称取质量分数为 0、5%、10%、15%、20% 的 LLTO 粉末加入 DMF 溶剂中，超声分散 6h 后，加入 1mol/L 的 LiTFSI 及质量分数为 10% 的 PVDF-HFP，磁力搅拌直至 PVDF-HFP 完全溶解。将上述均匀混合的溶液通过流延法刮涂在干燥的玻璃板表面，在 80℃ 下真空干燥 12h 以上以除去 DMF 溶剂，最终得到 PVDF-HFP@ LLTO 复合固态电解质膜。

5.1.3 PVDF-HFP@LLTO/PEO 双层结构复合固态电解质的制备

采用熔融热压法制备类双层结构复合电解质 PVDF-HFP@ LLTO/PEO，其详细制备过程如图 5-1 所示。将上述干燥后的 PEO 电解质膜和 PVDF-HFP@ LLTO

复合电解质膜叠放在一起，然后用热压机在150℃、40MPa压力下热压20min，最终得到双层结构的复合固态电解质膜PVDF-HFP@LLTO/PEO。以上操作过程均是在充满氩气的手套箱中完成的。

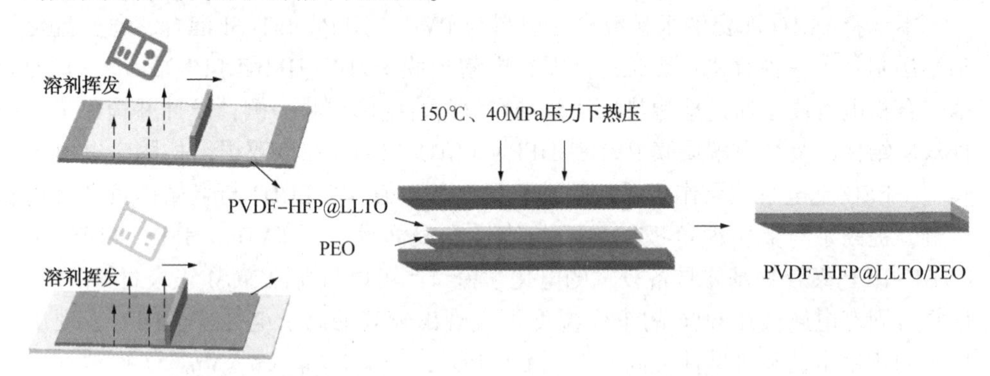

图5-1　PVDF-HFP@LLTO/PEO复合固态电解质膜的制备示意

5.2　结果与讨论

5.2.1　PVDF-HFP@LLTO/PEO的表征及性能研究

图5-2比较了PVDF-HFP@LLTO复合固态电解质、PVDF-HFP基聚合物电解质及LLTO陶瓷粉体的XRD图谱。可以看出：LLTO陶瓷粉体的XRD衍射峰与钙钛矿结构的$Li_{0.33}La_{0.557}TiO_3$标准PDF卡片(JCPDF#87-0935)高度吻合，同时衍射峰峰形尖锐，表明溶胶凝胶法得到的LLTO粉体材料具有较高的结晶度。PVDF-HFP聚合物电解质膜在18.4°和20.4°左右存在明显的特征峰，分别对应PVDF-HFP基体的(020)和(110)晶面。对于PVDF-HFP@LLTO复合固态电解质，LLTO陶瓷粉体的加入导致其PVDF-HFP特征峰强度明显减弱，这表明该复合电解质膜中PVDF-HFP基体的结晶度下降，无定形区域增加，可以促进锂离子在PVDF-HFP链段之间传

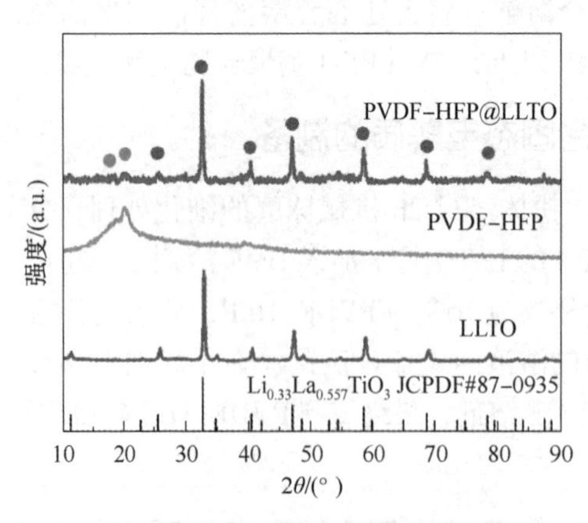

图5-2　PVDF-HFP@LLTO复合固态电解质、PVDF-HFP基聚合物电解质及LLTO陶瓷粉体的XRD图谱

输。同时，PVDF-HFP@ LLTO 复合固态电解质的谱峰出现明显的 LLTO 特征峰，特征峰位置未出现明显的变化和偏移，且未出现杂峰，说明 LLTO 陶瓷颗粒成功复合在 PVDF-HFP 聚合物基体中并在复合后各组成之间结构稳定。

为进一步表征 LLTO 陶瓷粉体颗粒的形貌尺寸，图 5-3(a)所示为 LLTO 粉体的 SEM 图。可以看出：LLTO 一次颗粒粒径尺寸为纳米级，部分团聚后形成微米级二次颗粒。从图 5-3(b)的粒度分布可以看出：LLTO 陶瓷粉体的 D_{50} 约为 2.0μm，对应一次颗粒的团聚体。

(a)SEM图　　(b)粒度分布

图 5-3　LLTO 陶瓷粉体的 SEM 图和粒度分布

图 5-4(a)所示为 LLTO 陶瓷粉体颗粒的 TEM 图。可以看出：LLTO 一次颗粒的平均粒径约为 50nm。图 5-4(b)所示为 LLTO 颗粒所对应的高分辨率透射电子显微镜(HRTEM)图。可以清晰地观察到 LLTO 纳米颗粒晶格间的明暗条纹，通过 Digital Micrograph 软件测量出相邻的两个晶格条纹间距为 3.87Å 和 2.74Å，分别对应 JCPDF#87-0935 中的(100)和(110)晶面。结合图 5-2 中 XRD 和图 5-4 中 HRTEM 的表征结果，分析表明利用溶胶凝胶-机械球磨法成功合成了结晶性高、粒度细的纳米级钙钛矿结构的 LLTO 粉体。

为确定 LLTO 陶瓷填料的最佳添加量，探索了不同 LLTO 陶瓷填料含量对复合电解质室温离子电导率的影响。图 5-5(a)所示为添加不同质量分数的 LLTO 陶瓷颗粒 PVDF-HFP@ LLTO 复合固态电解质膜在室温下的 Nyquist 交流阻抗图谱。可以看出：未添加 LLTO 陶瓷颗粒的 PVDF-HFP 基聚合物电解质膜室温阻抗值最大，约为 222Ω，随着 LLTO 陶瓷颗粒的增加，PVDF-HFP@ LLTO 复合固态电解质膜的阻抗明显下降。结果表明：LLTO 陶瓷填料的加入，一方面可以降低 PVDF-HFP 的结晶度，使 PVDF-HFP 链段的运动能力增强，有助于锂离子传输，进而提高离子电导率；另一方面 LLTO 作为一种锂离子导体，本身也具有锂离子传导特性，作为填料可以参与复合电解质中的锂离子传导。利用

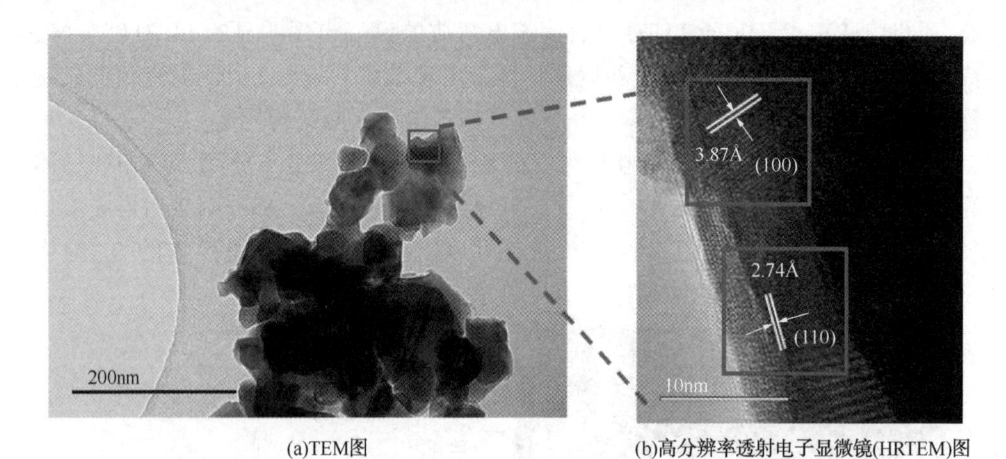

(a)TEM图　　(b)高分辨率透射电子显微镜(HRTEM)图

图 5-4　LLTO 陶瓷粉体的 TEM 图及高分辨率透射电子显微镜(HRTEM)图

附录公式(1)计算得到添加不同质量分数 LLTO 的 PVDF-HFP@ LLTO 复合固态电解质相应的室温离子电导率，其柱状图如图 5-5(b)所示。可以看出：当 LLTO 的添加量质量分数为 15%时，该复合电解质膜的室温离子电导率达到最大值，约为 2.2×10^{-5}S/cm。而当 LLTO 的添加量质量分数进一步增加至 20%时，PVDF-HFP@ LLTO 复合固态电解质的室温离子电导率未继续上升，反而下降至 1.0×10^{-5}S/cm。说明在聚合物基体中过多地添加 LLTO 陶瓷颗粒，由于渗流效应会阻碍锂离子传输，在一定程度上反而降低复合电解质的离子电导率。在接下来的研究工作中将以质量分数为 15%作为 LLTO 陶瓷颗粒的最佳添加量。

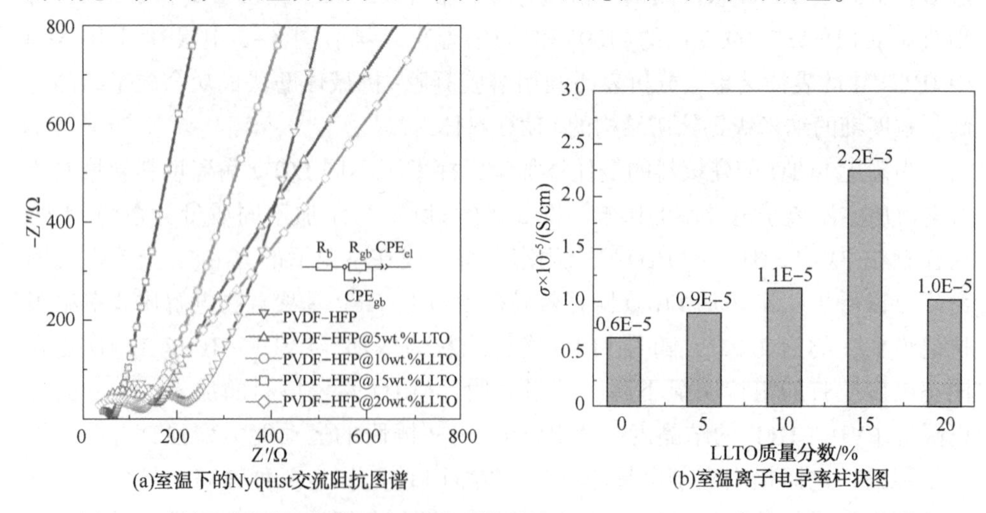

(a)室温下的Nyquist交流阻抗图谱　　(b)室温离子电导率柱状图

图 5-5　添加不同质量分数 LLTO 陶瓷颗粒的 PVDF-HFP@ LLTO 复合固态电解质膜

图 5-6(a)所示为热压法得到的 PVDF-HFP@ LLTO/PEO 复合固态电解质的光学图片。可以看出：该复合电解质膜可以随意弯折，表现出良好的柔韧性和弯曲性能。图 5-6(b)所示为 PVDF-HFP@ LLTO/PEO 复合电解质中 PEO 电解质层表面 SEM 图。可以看出：PEO 电解质膜的表面光滑平整，有利于锂离子在金属锂负极界面均匀沉积。图 5-6(c)所示为 PVDF-HFP@ LLTO 复合电解质中 PVDF-HFP 富集一侧的 SEM 形貌图。可以看出：PVDF-HFP 聚合物电解质表面有大量微孔存在，同时在表面未观察到明显的 LLTO 陶瓷颗粒。图 5-6(d)所示为 PVDF-HFP@ LLTO 复合电解质中 LLTO 富集一侧的 SEM 形貌图。可以看出：LLTO 颗粒均匀地镶嵌在 PVDF-HFP 聚合物基体内部。图 5-6(e)所示为 PVDF-HFP@ LLTO/PEO 复合电解质截面的形貌和微观结构。可以看出：PEO 电解质层与 PVDF-HFP@ LLTO 电解质层在经过熔融热压处理后结合紧密，电解质膜总厚度约为 40μm。其中，PEO 电解质层厚度约为 15μm，PVDF-HFP@ LLTO 电解质层厚度约为 25μm。从相应 EDS 能谱图[图 5-6(f)]可以看出，代表 LLTO 的 Ti 元素均匀分布在电解质中间部分。这是因为在 PVDF-HFP@ LLTO 电解质膜制备的过程中，DMF 溶剂挥发缓慢，而 LLTO 陶瓷颗粒由于自身密度较大，在逐渐沉降的过程中富集在 PVDF-HFP 聚合物基体的底部。

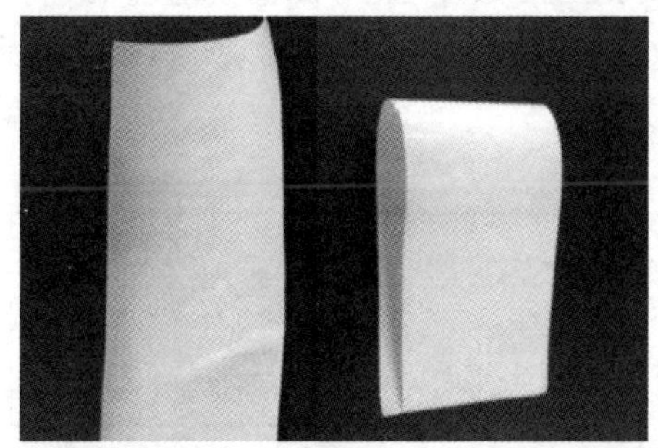

(a)PVDF-HFP@LLTO/PEO复合固态电解质的光学图片

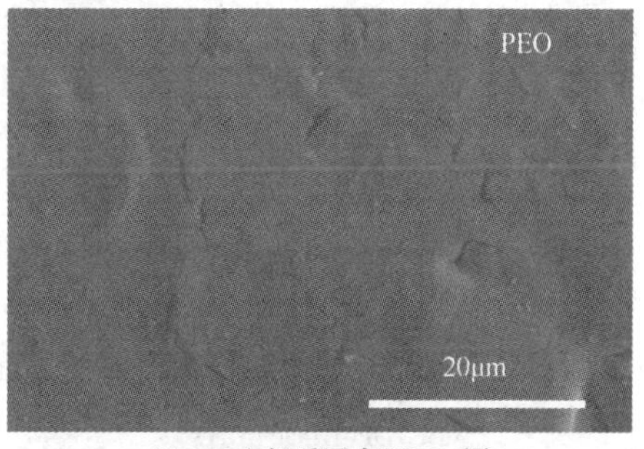

(b)PEO电解质层表面SEM图

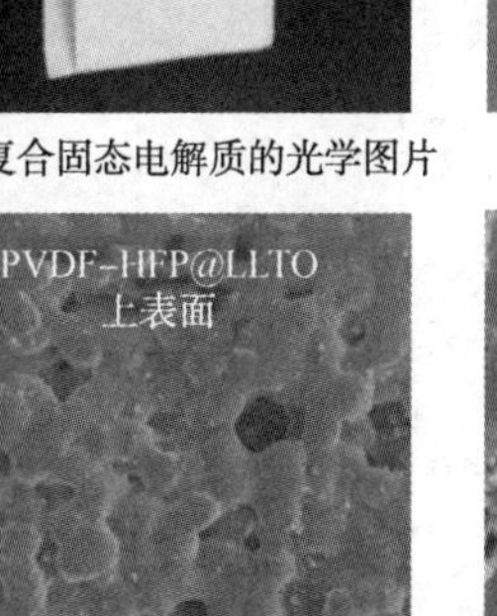

(c)PVDF-HFP@LLTO电解质上表面SEM图

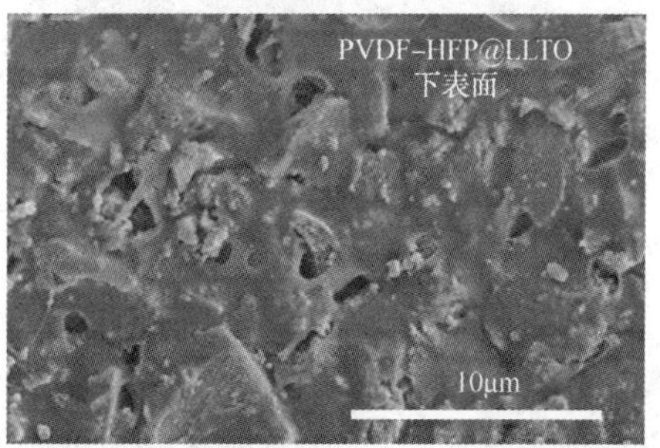

(d)PVDF-HFP@LLTO电解质下表面SEM图

图 5-6　不同复合固态电解质膜的形貌表征

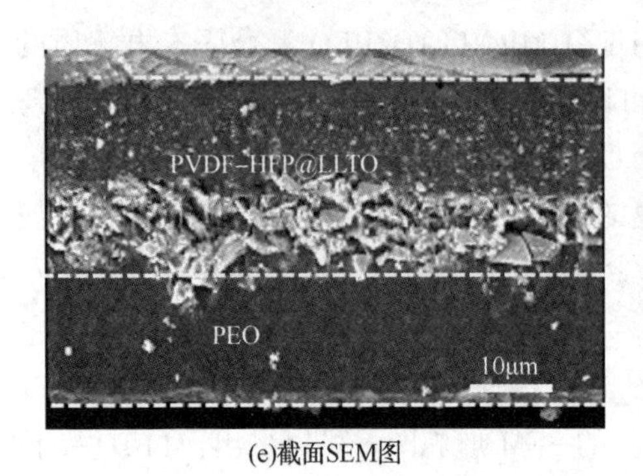

(e)截面SEM图

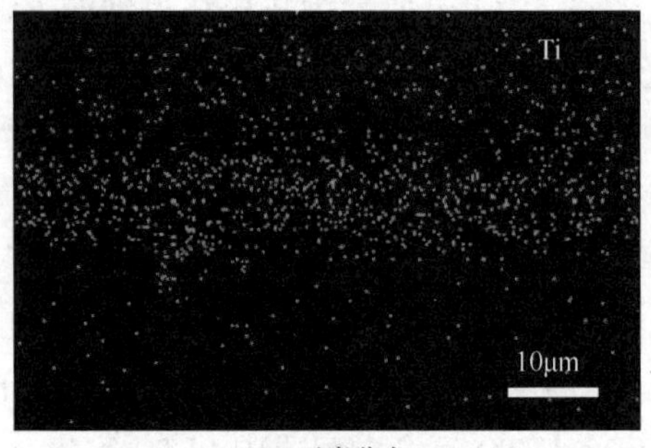

(f)Ti元素分布

图 5-6　不同复合固态电解质膜的形貌表征(续)

图 5-7 所示为复合电解质膜与金属锂紧密接触 24h 后的光学图片。其中，PVDF-HFP@LLTO 与金属锂负极紧密接触的部分颜色由白色变为深蓝黑色[见图 5-7(a)]，而 PVDF-HFP@LLTO/PEO 复合电解质膜未出现变色现象[见图 5-7(b)]。结果表明：PVDF-HFP@LLTO 与金属锂之间发生了化学反应，且该化学反应严重影响了电解质与金属锂之间的界面稳定性。为进一步研究二者之间发生的化学反应，利用 XPS 分析了 PVDF-HFP@LLTO 与金属锂之间的相互作用[见图 5-7(c)]。在与金属锂接触前 PVDF-HFP@LLTO 中 Ti 2p 图谱仅出现 Ti^{4+} 特征峰，而与金属锂接触后，在 457.3eV 及 463.0eV 结合能处分别出现了 Ti^{3+} $2p_{3/2}$ 和 Ti^{3+} $2p_{1/2}$ 特征峰。

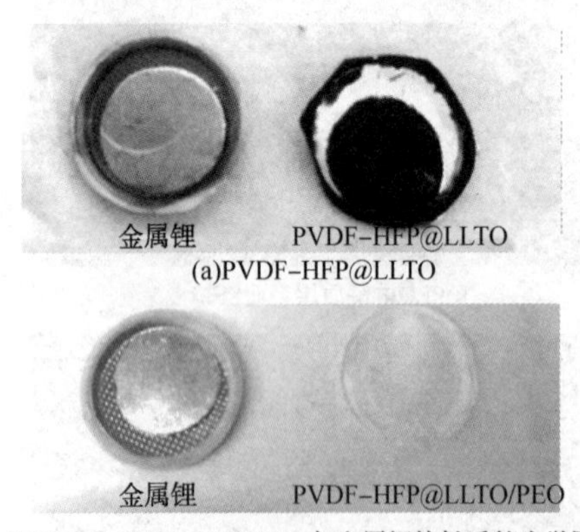

(b)PVDF-HFP@LLTO/PEO与金属锂接触后的光学图片

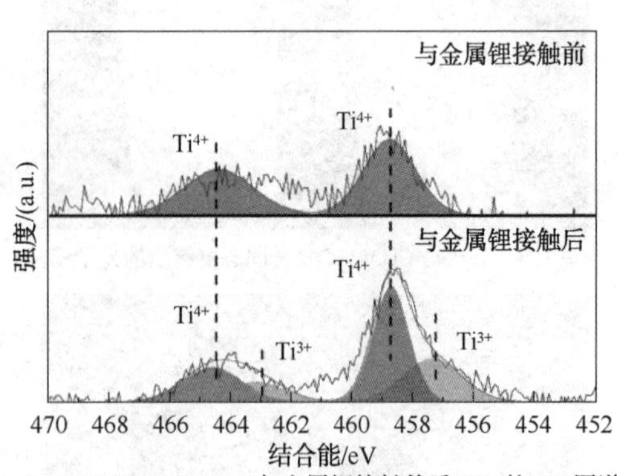

(c)PVDF-HFP@LLTO与金属锂接触前后Ti 2p的XPS图谱

图 5-7　复合电解质膜与金属锂接触实验

Ti^{3+} 的出现是由于 LLTO 中部分 Ti^{4+} 被高还原性的金属锂还原，二者之间的作用机理示意如图 5-8(a)所示。根据图 5-6 中 Ti 元素分布的能谱分析结果，LLTO 陶瓷填料由于密度较大，主要沉降到 PVDF-HFP@LLTO 电解质底部，裸露的

LLTO 与金属锂直接接触后会发生还原反应，反应产物沉积在表面而使电解质膜变黑。由 PVDF-HFP@ LLTO/PEO 复合电解质膜组装的金属锂电池结构示意如图 5-8(b)所示，在 PVDF-HFP@ LLTO/PEO 中，一侧的 PVDF-HFP 聚合物电解质富集层因具有良好的正极界面相容性，被设计为与高镍含量正极材料接触。同时，由于 LLTO 陶瓷颗粒在聚合物电解质中的梯度分布，可以增加复合电解质膜的机械强度，有利于抑制锂枝晶生长；另一侧的 PEO 基电解质层因与金属锂负极有良好的界面兼容性，被设计为与金属锂负极接触，可以有效解决 LLTO 与金属锂之间接触不稳定的问题，阻隔 LLTO 陶瓷填料发生还原反应。

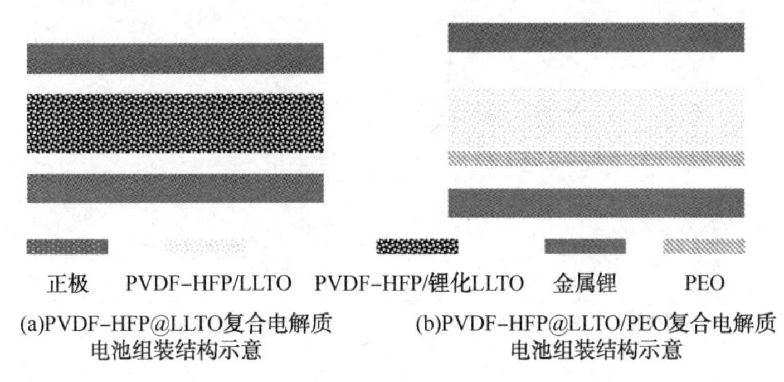

图 5-8 复合电解质固态电池组装结构示意图

采用热重实验分析了复合电解质的热稳定性。图 5-9 所示为 PVDF-HFP@ LLTO 和 PVDF-HFP@ LLTO/PEO 复合固态电解质膜的 TGA 曲线。可以看出：两种复合电解质的 TGA 曲线形状相似，均从 175℃开始出现轻微的失重，这一失重可能是由于电解质膜中存在少量 DMF 溶剂残留所导致的。随后 PVDF-HFP@ LLTO 在 400℃出现明显失重，对应于 LiTFSI 和 PVDF-HFP 的热分解。而 PVDF-HFP@ LLTO/PEO 复合电解质在 340℃左右开始出现明显的热失重，这是由于引入的 PEO 基电解质层在一定程度上降低了热稳定性。结果表明：PVDF-HFP@ LLTO/PEO 复合电解质在 340℃时未发生明显的热分解，仍具备出色的热稳定性，能够满足固态锂金属电池的使用要求。

图 5-10 对比了 PVDF-HFP@ LLTO 和 PVDF-HFP@ LLTO/PEO 复合固态电解质膜的 DSC 曲线，其中 PVDF-HFP@ LLTO 复合电解质在 145℃有一个吸热峰，对应于 PVDF-HFP 的熔点。而 PVDF-HFP@ LLTO/PEO 复合电解质对应 PVDF-HFP 熔点的吸热峰位置基本没有变化，说明 PEO 电解质层的引入并未影响双层复合电解质膜的热性能。同时，PVDF-HFP@ LLTO/PEO 复合电解质在 57℃出现了另一个吸热峰，对应于 PEO 聚合物的熔融峰。温度在 60℃左右，PEO 因达到熔点而呈现高弹态，可以改善与金属锂负极的接触性。因此，本章在后续的电化

学性能测试中均采用 60℃ 作为固态电池的工作温度。结果表明：采用 150℃ 的熔融热压温度达到 PEO 及 PVDF-HFP 聚合物基体的熔点，可以保证热压后双层结构的紧密性。

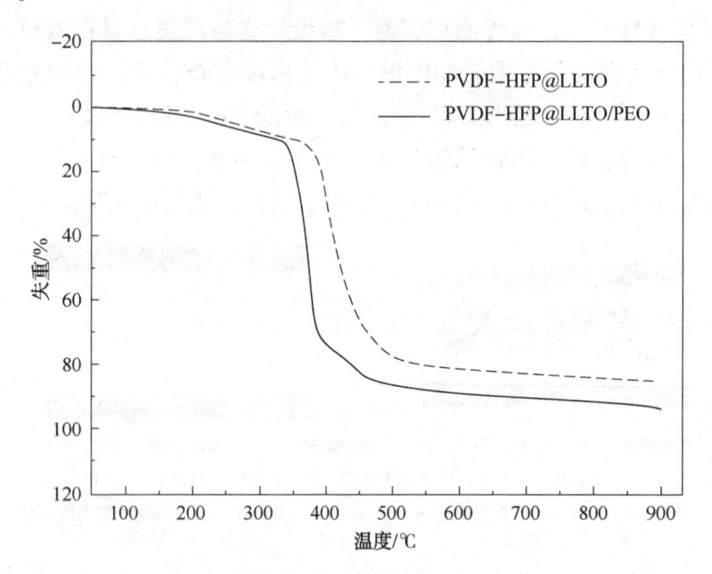

图 5-9　PVDF-HFP@ LLTO 和 PVDF-HFP@ LLTO/PEO 复合固态电解质膜的 TGA 曲线

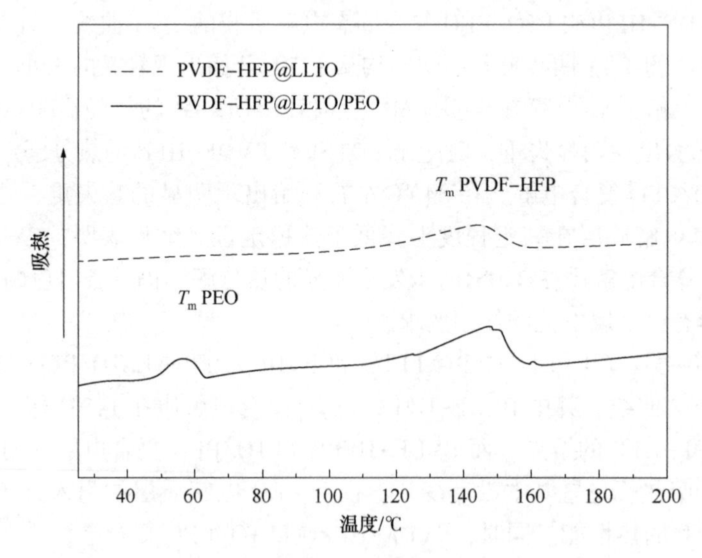

图 5-10　PVDF-HFP@ LLTO 和 PVDF-HFP@ LLTO/PEO 复合固态电解质膜的 DSC 曲线

图 5-11(a)所示为 PVDF-HFP@ LLTO/PEO 复合固态电解质在测试温度为 20~80℃时的交流阻抗图谱。可以看出：随着测试温度升高，PVDF-HFP@ LLTO/PEO 复合电解质的本体阻抗逐渐减小。将电解质的本体阻抗值代入附录公式(1)，计算得到 60℃时 PVDF-HFP@ LLTO/PEO 的离子电导率为 3.23×10^{-4}S/cm。图 5-11(b)所示为 PVDF-HFP@ LLTO/PEO 的离子电导率随温度变化曲线。可以看出：离子电导率和绝对温度乘积的自然对数与测试温度的倒数之间呈良好的线性关系，符合 Arrhenius 方程，即：

$$\sigma=\sigma_0\exp\left(-\frac{E_a}{RT}\right) \tag{5-1}$$

式中：σ 为离子电导率；σ_0 为指前因子；E_a 为电导活化能；R 为理想气体常数。根据拟合后直线的斜率计算得到该 PVDF-HFP@ LLTO/PEO 复合电解质的活化能为 0.68eV。

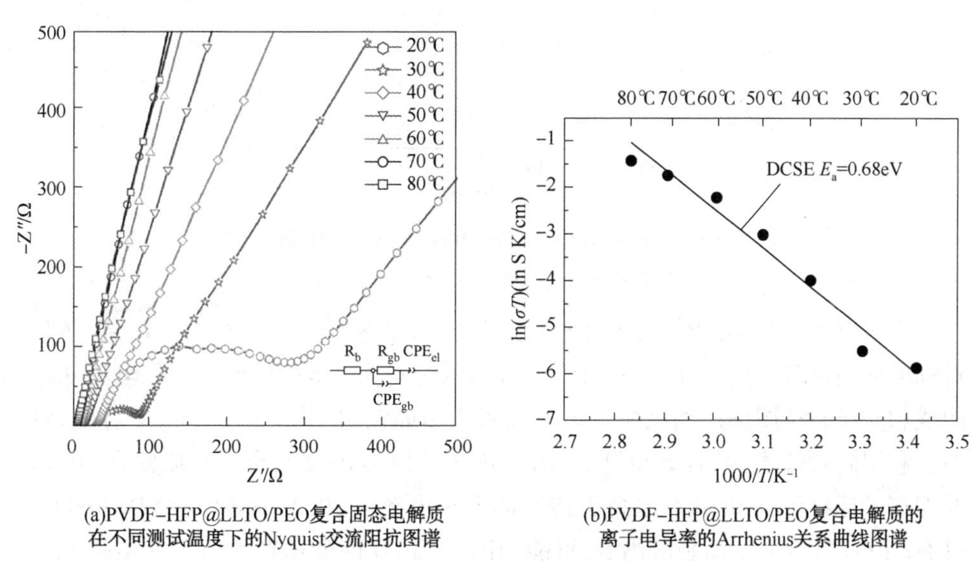

(a)PVDF-HFP@LLTO/PEO复合固态电解质在不同测试温度下的Nyquist交流阻抗图谱

(b)PVDF-HFP@LLTO/PEO复合电解质的离子电导率的Arrhenius关系曲线图谱

图 5-11 PVDF-HFP@ LLTO/PEO 复合固态电解质

(a)不同测试温度下的 Nyquist 交流阻抗图谱；(b)离子电导率的 Arrhenius 关系曲线图谱

良好的机械强度是保障固态锂金属电池在装配和使用过程中安全运行的重要因素，为研究熔融热压法制备的复合电解质膜的机械性能，图 5-12 比较了 PVDF-HFP@ LLTO 和 PVDF-HFP@ LLTO/PEO 复合电解质膜的应力-应变曲线。可以看到：PVDF-HFP@ LLTO 复合电解质膜的最大拉伸强度为 5.2MPa，最大断裂伸长率为 217%。而通过熔融热压法将 PEO 电解质层修饰在 PVDF-HFP@ LLTO 复合电解质膜一侧后的最大拉伸强度提高至 7.6MPa，最大断裂伸长率没有明显变化，在发生断裂前基本保持在220%左右的应变。结果表明：修饰PEO电解质层后，PVDF-HFP@LLTO/PEO复合电解质具备更加优异的力学性能，兼具无机电解质的高强度与聚合物电解质的高韧性的特点，作为电解质材料可以提高固态锂金属电池的安全性。

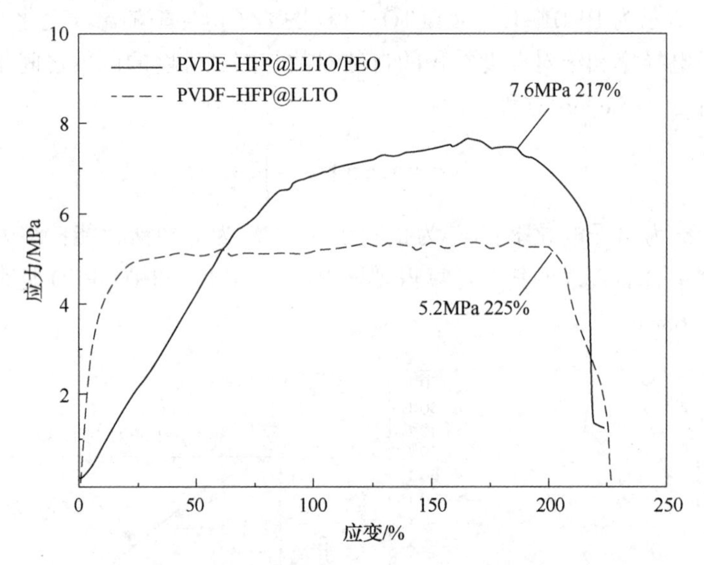

图5-12 PVDF-HFP@LLTO/PEO和PVDF-HFP@LLTO复合固态电解质膜的应力-应变曲线

为研究PVDF-HFP@LLTO/PEO复合电解质的锂离子传导能力，组装了锂锂对称电池测试其锂离子迁移数。图5-13所示为对称电池的恒电压极化电流-时间曲线和交流阻抗图谱。测试极化电压设置为10mV，极化电流在6000s后达到稳态，利用附录公式(4)计算得到PVDF-HFP@LLTO/PEO复合电解质膜在60℃时的锂离子迁移数为0.63，远高于传统的有机电解液(0.2~0.3)。PVDF-HFP@LLTO/PEO复合电解质膜的高t_{Li^+}可能归因于LLTO陶瓷填料的引入在增强Li^+迁移的同时限制$TFSI^-$的迁移，这将有助于减小固态电池的极化进而提升其倍率性能。

固态电解质的电化学窗口是限制电池充/放电区间的重要因素，图5-14所示为PVDF-HFP@LLTO/PEO的线性扫描伏安(LSV)曲线，扫描电压为2.0~5.5V，扫描速度为0.1mV/s。可以看出：在60℃的测试温度下，电压扫描至4.7V时有明显的分解电流出现，说明PVDF-HFP@LLTO/PEO的电化学稳定窗口为4.7V，完全可以满足目前商业化锂离子电池正极材料的使用要求。

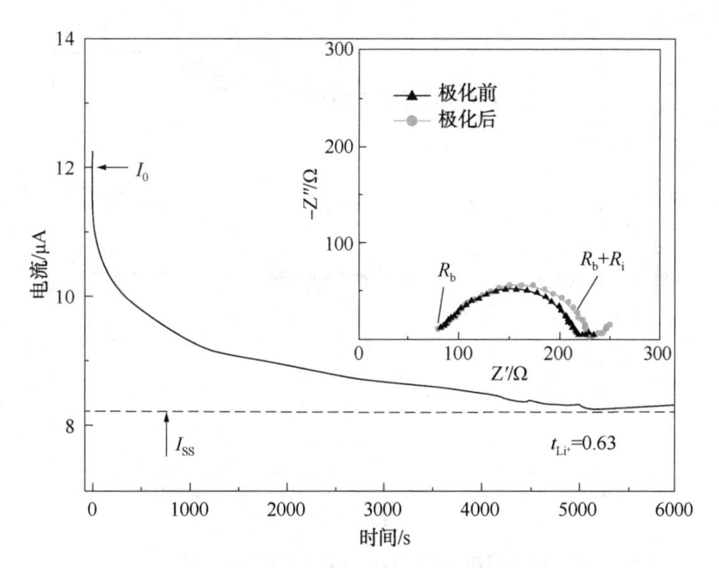

图 5-13 Li|PVDF-HFP@LLTO/PEO|Li 对称电池的直流极化电流-时间曲线（插图为初始状态和稳定状态下的电极电化学阻抗）

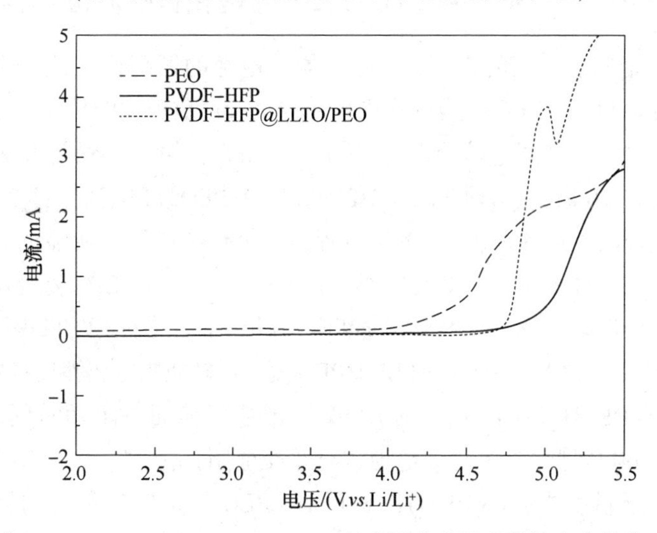

图 5-14 PVDF-HFP@LLTO/PEO 复合固态电解质膜的电化学窗口

图 5-15 所示为 PVDF-HFP@LLTO/PEO 的 CV 曲线，扫描电压为-0.5～2.5V，扫描速度为0.1mV/s。可以看出：CV 曲线只出现了一对可逆的锂沉积/溶出的氧化还原峰，同时电压扫描至 1.8V 左右未出现电流，说明没有发生 Ti^{4+} 到 Ti^{3+} 的还原反应。以上结果进一步证明 PEO 电解质层有效地避免了 LLTO 与金属锂的直接接触，保证了双层结构 PVDF-HFP@LLTO/PEO 良好的电化学稳定性。

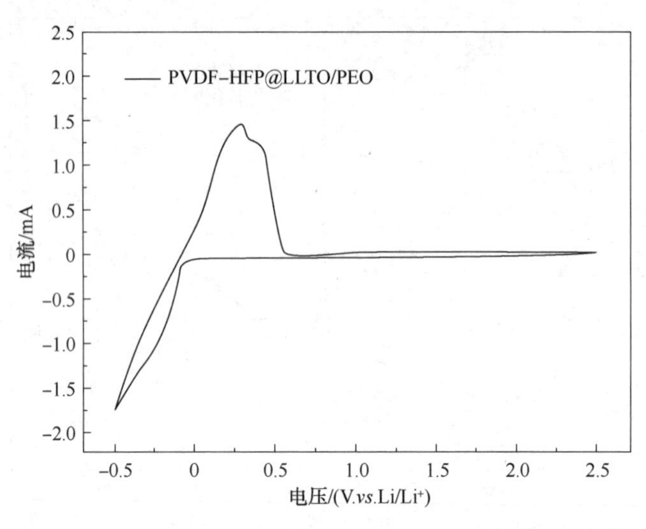

图 5-15 PVDF-HFP@ LLTO/PEO 在-0.5~2.5V 的 CV 曲线

5.2.2 PVDF-HFP@LLTO/PEO 与金属锂的界面相容性研究

电解质与金属锂之间的界面稳定性将影响电池的循环稳定性及安全性。为研究 PVDF-HFP@ LLTO/PEO 复合固态电解质与金属锂负极间的界面稳定性，实验组装了锂锂对称电池，测试电流密度采用 $0.2mA/cm^2$，循环容量为 $0.2mA \cdot h/cm^2$。测试结果如图 5-16 所示，Li|PVDF-HFP@ LLTO/PEO|Li 电池循环 360h 仍然能够稳定运行，表现出可逆的锂沉积/溶出过程，且极化电压没有明显的波动，一直保持在 80mV 左右。而不修饰 PEO 电解质层的 PVDF-HFP@ LLTO 复合电解质在循环过程中极化电压逐渐增大，从 80mV 逐渐增大到 160mV 左右。结果表明：PEO 电解质层的引入可以提高 PVDF-HFP@ LLTO/PEO 复合电解质与金属锂负极界面稳定性。

为研究 PVDF-HFP@ LLTO/PEO 与金属锂之间界面电阻随时间的变化关系，在测试温度为 60℃时对锂锂对称电池进行了交流阻抗测试。从图 5-17(a)可以看出：在整个测试过程中，PVDF-HFP@ LLTO/PEO 与金属锂负极的界面阻抗明显低于 PVDF-HFP@ LLTO。同时，Li|PVDF-HFP@ LLTO/PEO|Li 电池在静置 15d 内对应的界面阻抗基本保持不变，保持在 160 Ω左右。而 Li|PVDF-HFP@ LLTO|Li 电池界面阻抗随静置时间的推移而逐渐增大，从最初的 230 Ω增大至 378 Ω左右[见图 5-17(b)]。说明 PVDF-HFP@ LLTO 复合电解质与金属锂之间界面稳定性差，而 PEO 电解质层的引入有效地缓解了 PVDF-HFP@ LLTO 复合电解质与金属锂之间的界面问题，降低界面阻抗。

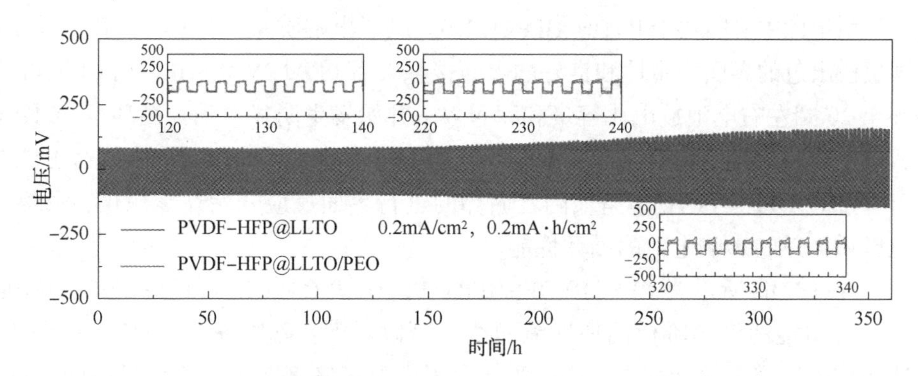

图 5-16 PVDF-HFP@ LLTO/PEO 和 PVDF-HFP@ LLTO 复合固态电解质锂锂对称电池的恒电流充/放电曲线

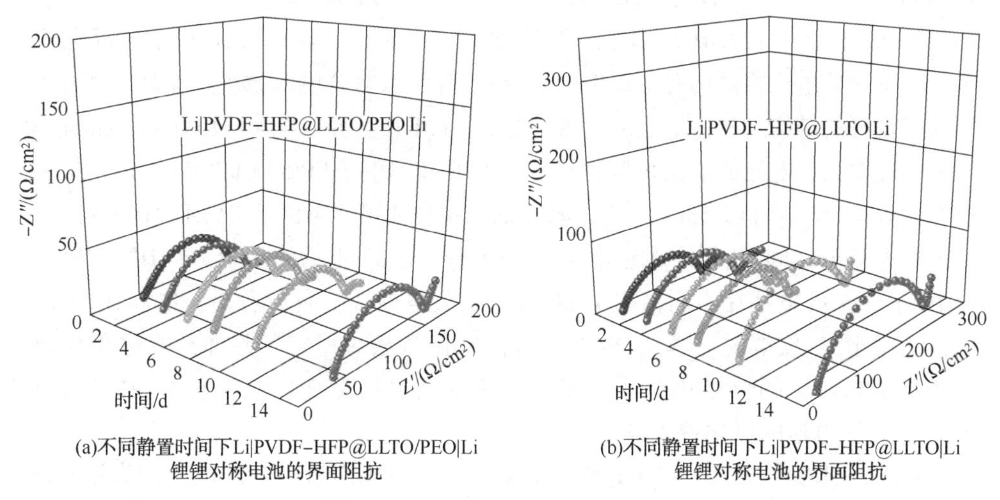

图 5-17 不同静置时间下 Li | PVDF-HFP@ LLTO/PEO |Li 与 Li | PVDF-HFP@ LLTO |Li 锂锂对称电池的界面阻抗

5.2.3 固态电池的电化学性能研究

为充分研究 PVDF-HFP@ LLTO/PEO 双层复合电解质在电池实际应用中的可行性，组装 LFP || Li 固态锂电池置于 60℃下进行充/放电测试，充/放电电压为 2.5~4.0V。为保证正极材料界面的浸润性，在电池的装配过程中，在正极极片表面滴加 10μL 碳酸酯类电解液。图 5-18(a)所示为 LFP | PVDF-HFP@ LLTO/PEO | Li 固态电池在电流密度为 1C 时的循环性能曲线，电池循环 100 圈后可逆容量仍保持为 141.2mA · h/g，容量保持率高达 92.8%，平均库仑效率达到 98.8%。其优异

的循环稳定性主要归功于 PVDF-HFP@ LLTO/PEO 电解质的高离子电导率及其与金属锂负极出色的界面稳定性和良好的界面接触。而 LFP | PVDF-HFP@ LLTO | Li 在循环至 20 圈左右电池放电比容量和库仑效率开始发生明显波动，循环至 95 圈电池放电比容量迅速下降至约 90mA · h/g，库仑效率也发生断崖式下降。这可能是由于 PVDF-HFP@ LLTO 电解质随着循环的进行界面反应开始逐步恶化，最终导致电解质失效，影响电池的循环性能。

图 5-18(b) 所示为 LFP | PVDF-HFP@ LLTO/PEO | Li 和 LFP | PVDF-HFP@ LLTO | Li 电池的倍率阶梯循环性能曲线。可以看到：随着充/放电倍率的增大，电池的放电比容量随之减小，这主要是由于大电流密度下极化增大导致的。LFP | PVDF-HFP@ LLTO/PEO | Li 电池在 0.1C、0.2C、0.5C、1C 和 2C 每个阶段的最高放电比容量分别为 150.7mA · h/g、149.5mA · h/g、142.8mA · h/g、134.4mA · h/g 和 122.4mA · h/g。电池循环 25 周后，再次以 0.1C 倍率进行充/放电时，平均放电比容量仍有 146.9mA · h/g，说明该复合电解质膜在循环过程中仍能保持良好的结构及界面稳定性。相比之下，LFP | PVDF-HFP@ LLTO | Li 电池随着电流密度增大，电池放电比容量明显低于 LFP | PVDF-HFP@ LLTO/PEO | Li，2C 时放电比容量衰减至 113.5mA · h/g。较差的倍率性能可能是由于 PVDF-HFP@ LLTO 与金属锂负极之间界面不稳定导致的。图 5-18(c) 所示为 LFP | PVDF-HFP@ LLTO/PEO | Li 电池在不同倍率下的首次充/放电曲线。可以看出：电池在 2C 的电流密度下充/放电时，其充/放电平台仍然保持相对稳定。此外，电池在 0.2C 时表现出 0.08V 的低极化电压，即使电流密度提高至 2C 时，极化电压仍小于 0.5V，表明电池的极化现象较小。

PVDF-HFP@ LLTO/PEO 电解质也显示出与高压固态锂金属电池的高镍正极 NCM622 相匹配的潜力。Li | PVDF-HFP@ LLTO/PEO | NCM622 电池充电至 4.3V，电池显示出良好的循环性能，在 1C 的电流密度下循环 100 圈后电池的容量保持率为 87.9%，放电比容量为 129.9mA · h/g[见图 5-19(a)]。在 60℃循环 100 次后，传统液体电解质的 Li || NCM622 电池的容量保持率仅为 10.7%。倍率性能如图 5-19(b)、(c)所示，在 0.1C、0.2C、0.5C、1C 和 2C 的电流密度下，放电比容量分别为 192.6mA · h/g、194.1mA · h/g、175.0mA · h/g、137.2mA · h/g 和 67.6mA · h/g。应当指出的是，该电池表现出优异的倍率性能，这得益于 PVDF-HFP@ LLTO/PEO 电解质的高离子电导率和成功的界面设计。结果表明：该双层结构的 PVDF-HFP@ LLTO/PEO 复合固态电解质与 NCM622 正极材料匹配性良好，具有良好的电化学稳定性。

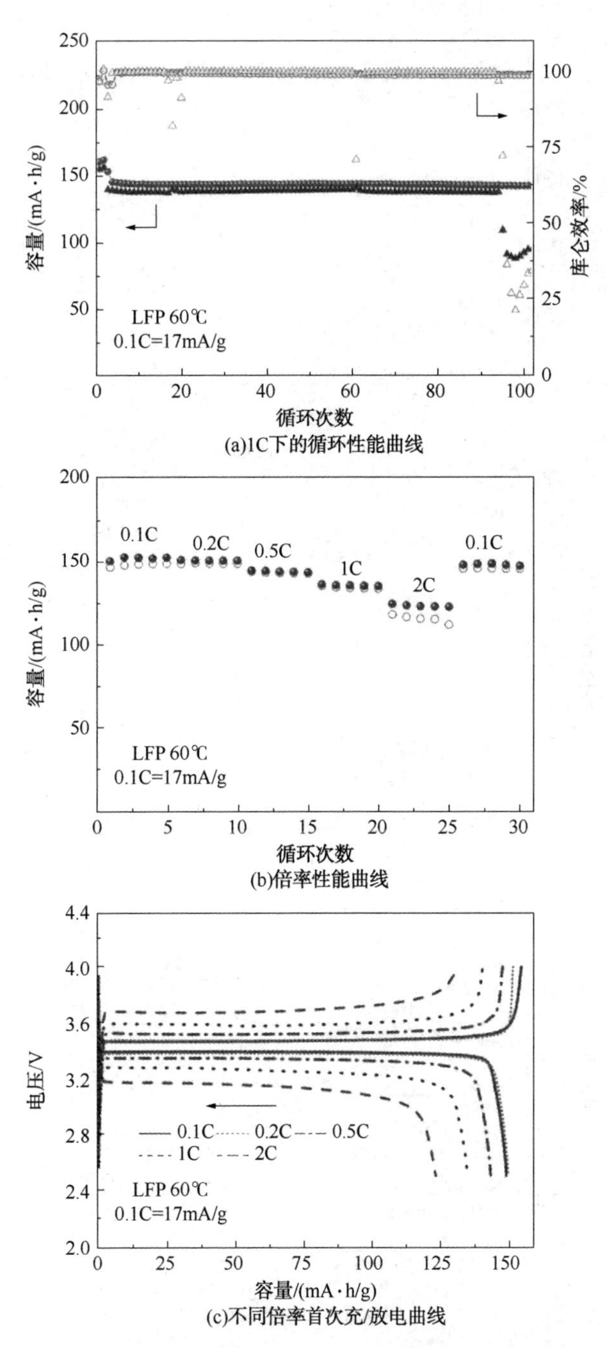

图 5-18 LFP | PVDF-HFP@ LLTO/PEO |Li 及 LFP | PVDF-HFP@ LLTO |Li 固态电池在 60℃、1C 下的循环性能曲线、倍率性能曲线及不同倍率首次充/放电曲线

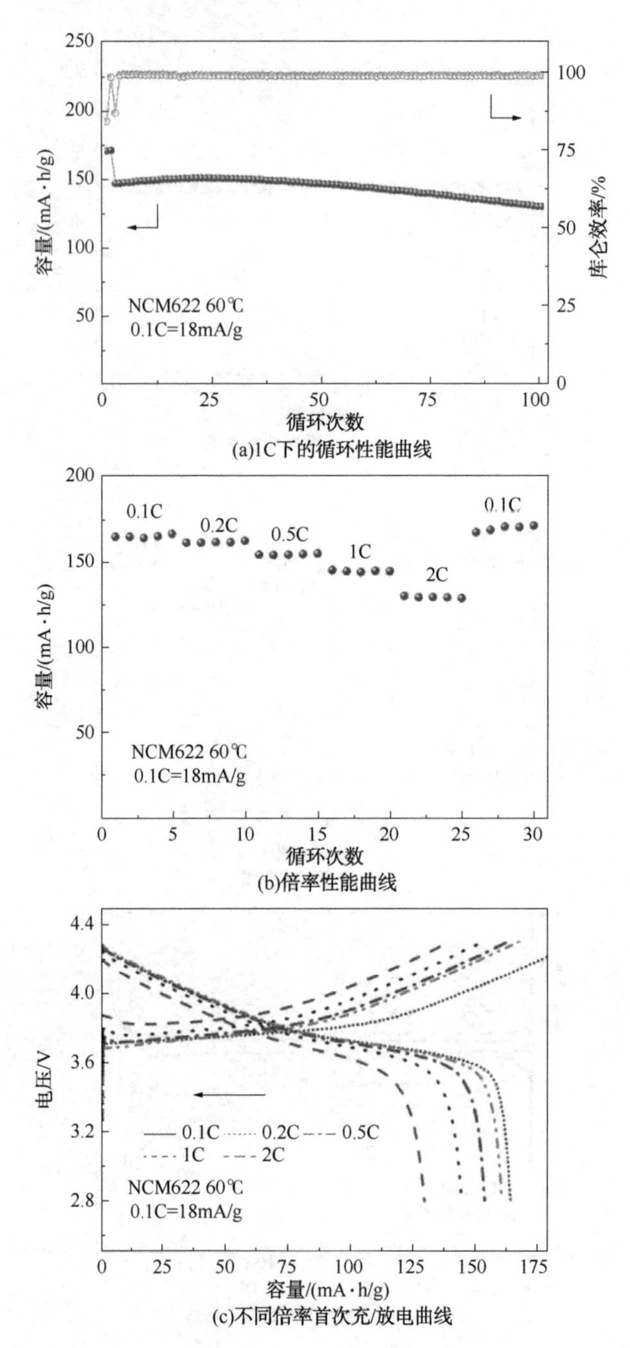

图 5-19 Li|PVDF-HFP@LLTO/PEO|NCM622 电池在 60℃、1C 下的循环性能曲线、倍率性能曲线及不同倍率首次充/放电曲线

5.3 本章小结

本章设计并构建了一种基于 PVDF-HFP@LLTO 和 PEO 基电解质的双层结构 PVDF-HFP@LLTO/PEO 复合电解质。在 PVDF-HFP@LLTO 电解质中，LLTO 填料富集侧引入柔性的 PEO 基电解质层，利用 PEO 对金属锂的相对稳定性改善了电解质与金属锂负极的界面稳定性和界面接触。将氧化稳定性高的 PVDF-HFP@LLTO 电解质层与高性能正极材料进行匹配，提高了正极与电解质之间的界面相容性。这种特殊的双层结构设计为含有 LLTO 陶瓷填料的复合电解质提供了一种提高与电极/电解质材料之间的界面相容性的有效策略。具体结论如下：

（1）当 LLTO 陶瓷颗粒的添加量质量分数为 15%时 PVDF-HFP@LLTO 的室温离子电导率约为 2.2×10^{-5}S/cm，以此基础制备的 PVDF-HFP@LLTO/PEO 复合电解质在 60℃时离子电导率为 3.23×10^{-4}S/cm，电化学窗口可达到 4.7V。同时柔韧性好，具备较好的机械强度和热稳定性。

（2）PVDF-HFP@LLTO/PEO 双层复合固态电解质与锂金属负极保持良好的界面稳定性。组装的锂锂对称电池在 0.2mA/cm^2 的电流密度下可以稳定循环 360h，表现出可逆的锂沉积/溶出过程。PEO 电解质层的引入有效地缓解了 PVDF-HFP@LLTO 复合电解质与金属锂之间的界面不稳定性，锂锂对称电池界面阻抗从 435 Ω降低到 210 Ω，且随着静置时间的延长阻抗值保持不变。

（3）匹配 LFP 正极和金属锂负极后，Li|PVDF-HFP@LLTO/PEO|LFP 固态锂金属电池表现出良好的循环稳定性和倍率性能，1C 倍率下循环 100 周后可逆容量为 141.2mA·h/g，容量保持率高达 92.8%，平均库仑效率可达到 98.8%。与 NCM622 正极匹配后，电池在 1C 电流密度下循环 100 圈容量保持率为 87.9%，放电比容量为 129.9mA·h/g，同样表现出优异的电化学性能。

第6章 LLTO基复合电解质膜及其界面匹配研究

塑性晶体是一类具有塑性的固态晶体，其性质为介于晶态和液态之间的过渡态。塑晶分子具有位置有序而取向或旋转无序的结构特征，但并不是绝对的取向无序。同时，塑晶材料的取向无序特性接近无定形液体，从固态变为液态时的熵变较小。塑晶材料由于具有取向无序的分子旋转运动和自扩散特性，锂离子可以在塑晶材料中快速迁移，因而近年来成为一种备受关注的固态电解质材料。其中，丁二腈(SN)是一种典型的非离子型、高极性塑晶材料。因其具有267℃的高沸点和极低的蒸汽压而常被作为添加剂引入锂离子电池电解液中以改善其热稳定性。SN在固相变点(-35℃)以下为固态，呈单斜晶相；在-35℃与熔点(58℃)之间，SN为bcc结构的塑晶相，属于Im3-m空间群；在大于58℃时，为液相。在液相和塑晶相时，SN分子存在三种异构构象，包括两个旁氏异构体和一个反式异构体，这三种异构体围绕C—C键相互之间有120°的旋转角。Hawthorne等人认为SN在塑晶相中的反式异构体可以在围绕C—C键旋转时产生一定的晶格缺陷(空位)，促进离子在空位之间进行迁移，从而有助于提高离子的迁移率。室温下，纯SN中反式异构体的比例为23%，并随着温度升高而略有增加。由于SN具有较高的极性和对锂盐的溶解能力，因此常被作为固态溶剂，在较宽的温度范围具备良好的离子导电性。同时，SN在室温下具有相当高的介电常数($\varepsilon=55$)，有助于盐的解离。与双三氟甲烷磺酰亚胺锂(LiTFSI)混合后，丁二腈基电解质的室温离子电导率可达10^{-3}S/cm。然而，随着锂盐溶解，SN的熔点明显降低，在室温下表现出过度的塑性或类似液体的行为，降低了SN电解质的机械强度。因此，SN常被添加在聚合物固态电解质中，一方面可以提高聚合物固态电解质的离子导电特性，另一方面可以弥补SN基固态电解质机械强度差的不足。

研究发现，在聚合物电解质中加入陶瓷填料不仅可以提高电解质的机械强度，同时还能提高离子电导率。陶瓷填料一般包括惰性材料如 SiO_2、Al_2O_3 和 TiO_2，锂离子导体填料如 $Li_7La_3Zr_2O_{12}$(LLZO)、$Li_{10}GeP_2S_{12}$(LGPS) 和 $Li_{1.3}Al_{0.3}Ti_{1.7}(PO_4)_3$(LATP)等。其中钙钛矿结构的钛酸镧锂($Li_{0.33}La_{0.557}TiO_3$，LLTO)固态电解质材料的室温离子电导率高达 10^{-3}S/cm，且在空气中具备良好的稳定性。近年来，许多研究小组对以 LLTO 陶瓷作为活性填料的有机-无机复合固态电解质进行了大量研究。然而，这些复合电解质在室温下的离子电导率仅约为 10^{-4}S/cm，不能很好地满足固态锂离子电池的要求。

在第 5 章的研究工作中，采用常见的流延刮涂法制备了双层结构的复合电解质膜材料，匹配正、负极材料后电池表现出良好的电化学性能，说明有机-无机复合固态电解质的制备得到初步成功。为进一步提高复合效果，制备常温性能优异的复合固态电解质，本章基于静电纺丝技术将 LLTO 纳米棒均匀分散在聚丙烯腈(PAN)电纺纤维膜中，并复合 SN 基电解质，构建一种新型自支撑结构的复合电解质膜 LLTO/PAN/SNE。其中，LLTO 纳米棒作为填料，由于具有较高的长径比，可为锂离子提供连续的传输通道，从而显著提高了复合电解质材料的离子迁移能力。此外，由于 PAN 和 SN 具有相似的—CN 基官能团，SN 分子可以渗透到高吸液的 PAN 纳米纤维膜中，使 PAN 纳米纤维表现出轻微的溶胀现象。溶胀的 PAN 纳米纤维一方面可作为承载 SN 基电解液的骨架；另一方面可起到 LLTO 保护层的作用，防止 LLTO 纳米棒与金属锂负极直接接触，有效降低固态锂电池短路的可能性，而引入的 LLTO 纳米棒可提高复合电解质膜的机械强度。这种三维网状结构的复合电解质显著提高了离子的迁移速率，并形成良好的电极/电解质界面接触，匹配 $LiFePO_4$ 正极后固态锂电池表现出良好的循环稳定性和倍率性能。

6.1 材料的制备

6.1.1 LLTO 纳米棒的制备

将化学质量比为 0.33 : 0.557 : 1.00 的 $LiNO_3$、$La(NO_3)_3 \cdot 6H_2O$、$Ti(OC_4H_9)_4$ 及 15vol.%的乙酸加入 DMF 溶剂中，在 60℃下水浴搅拌至完全溶解。将 PVP (Mw~1300000)溶于 DMF 溶剂中搅拌至完全溶解，配置成质量分数浓度为 10% 的 PVP 溶液。将上述盐溶液和 PVP 溶液按 1 : 1 等体积混合并搅拌均匀，最终得到黄色透明的静电纺丝前驱体溶液。将前驱体溶液转移至带有不锈钢针头的 10mL 注射器中，正高压针头与负高压接收器之间施加 20kV 的直流电压，工作距离为 15cm，纺丝液推进速度为 1mm/min，静电纺丝得到的纤维收集到负极接收器的铝箔上。纺丝结束后，将得到的初纺纤维膜从铝箔上取下，并在 80℃下真空干燥 12h 除去残余的 DMF。干燥完全后的初纺纤维膜在马弗炉中以 5℃/min 的升温速率在 350℃下热解 2h，然后在 700~1000℃不同的煅烧温度下进行热处理 2h，待冷却到室温后，研磨过筛，最终得到 LLTO 纳米棒粉末。

6.1.2 LLTO/PAN 复合纤维膜的制备

将 80℃真空干燥过夜后的 PAN 粉末加入 DMF 溶剂中配置成质量分数为 10%的 PAN(M_w~150000)纺丝液，然后加入质量分数为 20%的 LLTO 纳米棒粉末，机械搅拌 6h 后常温超声 2h，得到均匀分散的 LLTO 混合 PAN 纺丝液。采用高压静电纺丝法制备 LLTO/PAN 复合纤维膜，纺丝参数与上述过程相同。根据静电纺丝时间控制膜的厚度，得到的复合纤维膜在 80℃下真空干燥 12h，然后裁成直径为 19mm 的圆片并转移至手套箱中待用。为进行对比，同时按照上述实验步骤制备了不添加 LLTO 纳米棒的纯 PAN 电纺纤维膜。

6.1.3 LLTO/PAN/SNE 复合固态电解质的制备

以 SN 作为固体溶剂，添加 1.0mol/L 的 LiTFSI 和质量分数为 5%的 FEC 搅拌至完全溶解制备丁二腈基电解液(SNE)。LLTO/PAN/SNE 复合电解质膜制备过程如图 6-1 所示。将 SNE 渗透到 PAN/LLTO 复合纤维膜中，最终制得 LLTO/PAN/SNE 复合固态电解质膜。采用充分浸润商用碳酸酯类电解液(1M $LiPF_6$-EC/DEC/DMC)的 PP 隔膜(Celgard 2400)作为参照体系，上述所有操作均在充满高纯氩气的手套箱中进行。

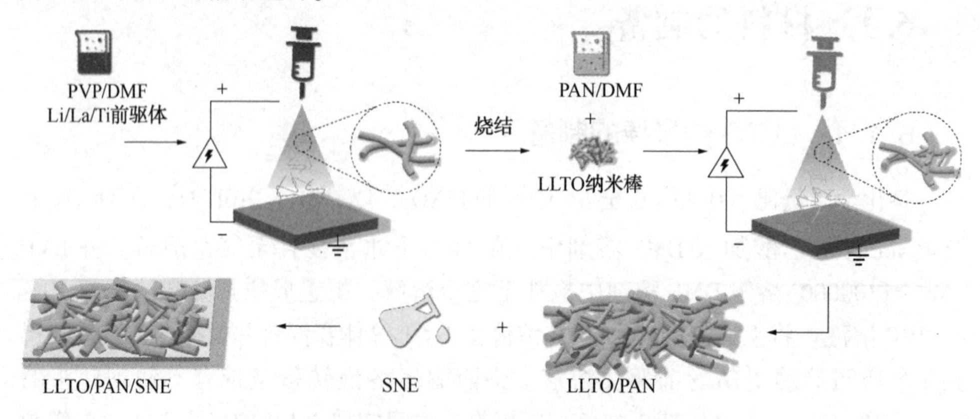

图 6-1 LLTO/PAN/SNE 复合电解质膜的制备过程

6.2 结果与讨论

6.2.1 LLTO/PAN/SNE 复合固态电解质的表征及性能研究

本章采用静电纺丝-煅烧法制备钙钛矿型 LLTO 纳米棒材料。由于 LLTO 的纯度和结晶度影响其锂离子的传输效率，而煅烧温度直接影响 LLTO 的物相纯度及结晶度。因此，首先对静电纺丝得到的 LLTO 初纺纤维前驱体进行 TGA-DSC 测试，确定其热分解温度，进而判断其煅烧温度范围。如图 6-2 所示，通过 TGA 曲线及一阶导数曲线(DTG 曲线)可以看出：前驱体在约 50℃开始出现两个明显的质量损失过程，推测分别对应残留溶剂的损失(50~300℃)及 PVP 的热分解过程(300~500℃)。温度至约 650℃时 LLTO 初纺纤维前驱体不再发生明显的重量损失，可以确定 LLTO 初纺纤维前驱体的煅烧温度应选择在 650℃以上。

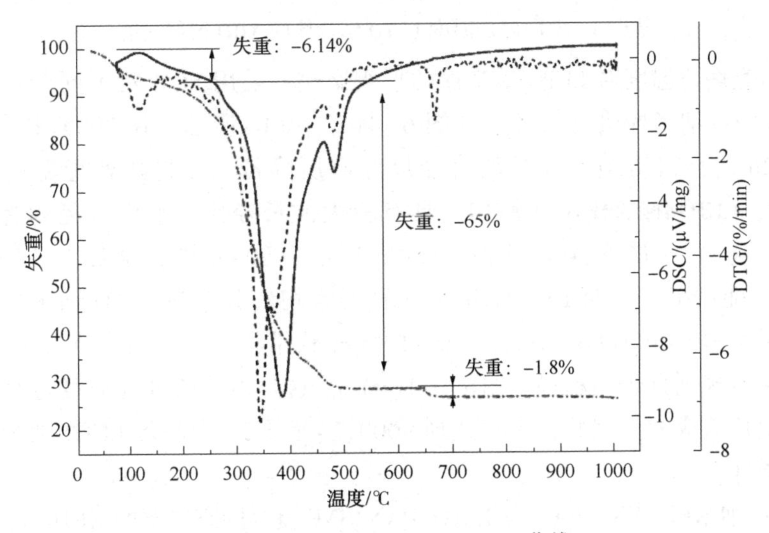

图 6-2　初纺纤维的 TGA-DSC 曲线

因此，为进一步考察 700~1000℃下不同煅烧温度对 LLTO 纳米棒物相的影响。通过 XRD 表征了不同温度保温 2h 后的 LLTO 纳米线的晶相演变(见图 6-3)。结果表明：在相同保温时间内，当煅烧温度为 700℃及 800℃时，XRD 衍射峰在 $2\theta=30°$左右有明显杂峰。同时在 2θ 为 34.7°及 48.4°未出现(111)及(201)特征峰，说明较低的煅烧温度不能使前驱体全部转变为纯相的 LLTO。而当煅烧温度提高至900℃及1000℃时，LLTO材料的XRD特征衍射峰与$Li_{0.33}La_{0.557}TiO_3$标准卡片(JCPDF#87-0935)一致，均可指向具有立方相P4/*mmm*空间群的钙钛矿结构。且随着烧结温度提高，衍射峰变得尖锐、峰强增大，表明此时可以得到纯相的LLTO纳米棒且煅烧温度越高得到LLTO的结晶性越高。

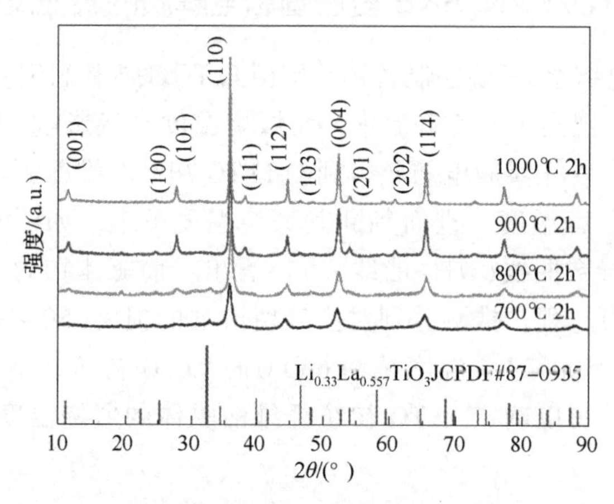

图6-3　不同煅烧温度LLTO纳米棒的XRD衍射图谱

为研究煅烧温度对LLTO纳米棒的形貌影响，采用SEM对不同煅烧温度下制备的LLTO纳米棒进行表征。如图6-4(a)、(b)所示，在700℃和800℃下热处理2h后，初纺纳米纤维的直径尺寸有所降低。当将热处理温度提高到900℃时，LLTO纳米棒尺寸均匀，具有较大的长径比，平均直径约为500nm[见图6-4(c)]。图6-4(e)至图6-4(h)所示为900℃热处理2h后LLTO纳米棒的EDS能谱图，表明La、Ti和O三种元素均匀分布在LLTO纳米棒中。当热处理温度提高至1000℃后，部分LLTO棒状结构变为尺寸较大的微米级颗粒，形貌不规则且表面粗糙[见图6-4(d)]，这是由于热处理温度过高导致晶粒过度生长造成的。因此，本章选择900℃热处理2h为制备LLTO纳米棒的最优烧结条件。

LLTO纳米棒、SN、PAN及LLTO/PAN/SNE复合固态电解的XRD谱如图6-5所示。LLTO/PAN/SNE复合固态电解质的XRD图谱在2θ为17°和32.6°的位置出现的衍射峰分别与LLTO的(110)峰和PAN的结晶峰一一对应，呈现出相同的特征衍射峰峰位，表明LLTO和PAN两种物质成功复合在LLTO/PAN/SNE中。而LLTO/PAN/SNE电解质中与SN对应的特征峰基本完全消失，说明此时SN是以非晶态液体特性存在于LLTO/PAN/SNE复合固态电解质中的。采用DSC进一步分析SN、SNE和LLTO/PAN/SNE复合固态电解质的塑晶行为。

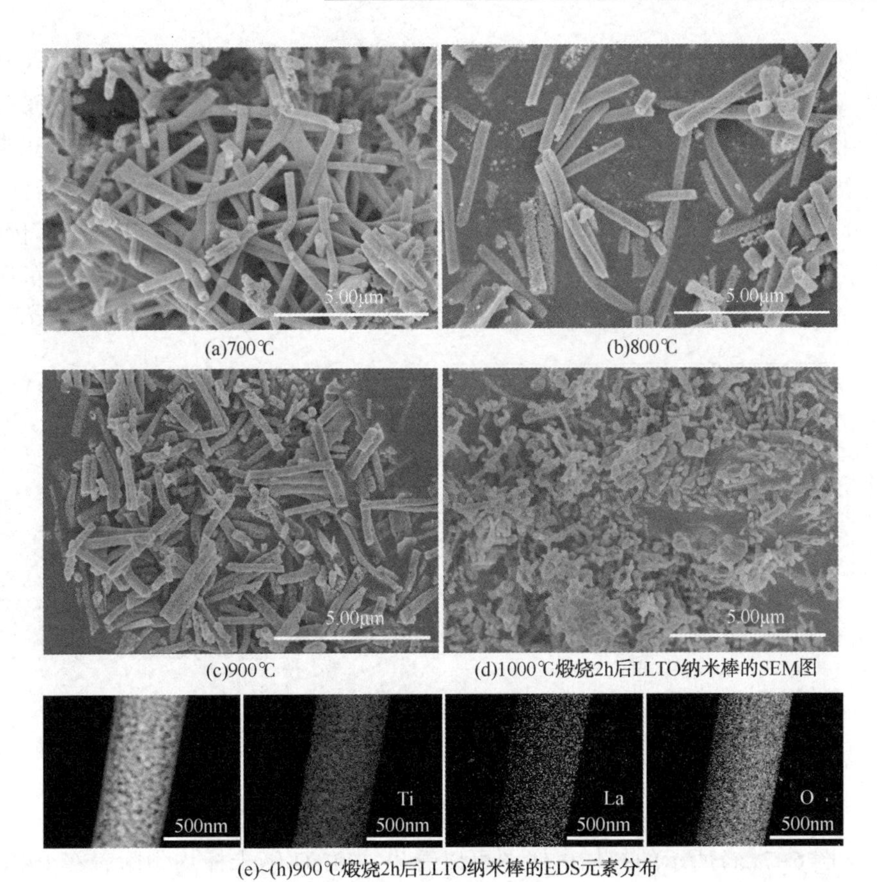

图 6-4　不同煅烧条件下 LLTO 纳米棒的扫描电镜照片及 EDS 元素分布图

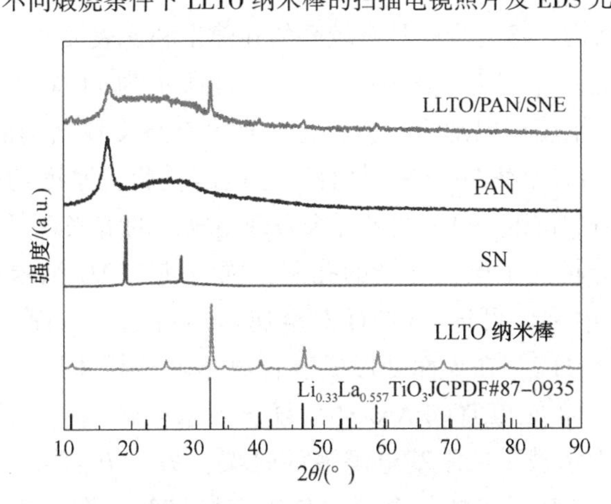

图 6-5　SN、PAN、LLTO 纳米棒及
LLTO/PAN/SNE 复合固态电解质的 XRD 衍射图谱

如图 6-6(a)所示，SNE 和 LLTO/PAN/SNE 固态电解质的 T_{pc} 与纯相 SN 基本一致，表明 PAN 纤维膜和 LLTO 纳米棒没有影响 SN 的塑晶行为。值得注意的是，纯相 SN 在-37.5℃和 58.0℃处出现两个特征吸热峰，分别对应 SN 从正常晶态到塑晶态(T_{pc})及塑晶态到液态(T_m)的转变温度。由于 SN 对锂盐的强溶解性，LiTFSI 的加入导致丁二腈基电解质的熔点 T_m 大幅度降低，下降至 20.5℃。因此，室温下 SNE 电解质从蜡状塑晶态转变为可流动的液态[见图 6-6(b)]。液相的 SNE 电解质可以渗透到 PAN 纳米纤维内，进而封装在多孔的三维网状聚合物基体中。

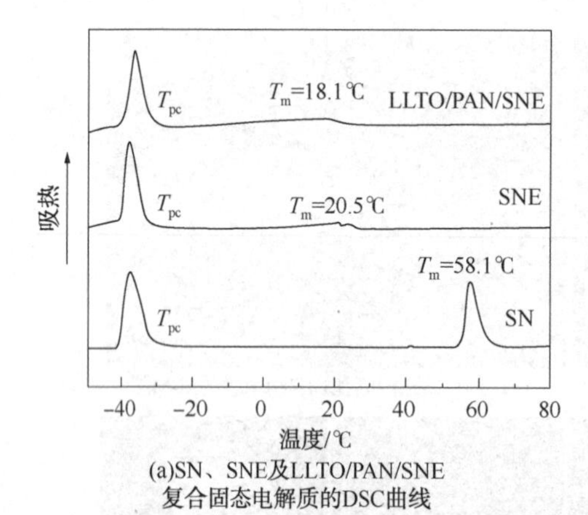

(a)SN、SNE及LLTO/PAN/SNE复合固态电解质的DSC曲线

(b)SN及SNE电解质的光学图片

图 6-6　SN、SNE、LLTO/PAN/SNE 复合固态电解质的 DSC 曲线及光学图片

从图 6-7(a)所示的扫描电镜图可以看出：LLTO 纳米棒均匀附着在 PAN 纤维上，PAN 基电纺纤维膜由随机取向的纳米纤维搭接而成，纤维之间形成相互贯穿的三维网络结构。该复合膜具有较高的孔隙率和比表面积，可为吸收液态电解质提供较大的毛细作用力。图 6-7(c)、(d)所示为 LLTO/PAN 的光学照片。可以看到该复合纤维膜可以随意弯折，是一种具有自支撑结构的柔性电解质膜。图 6-7(b)所示为 LLTO/PAN/SNE 复合固态电解质膜，厚度约为 55μm。同时，由于 SN 分子的渗透作用，PAN 纳米纤维表现出轻微的溶胀现象，纤维的平均直径明显增加，充分填充了电纺纤维的孔洞，同时使 LLTO 纳米棒可以完全包裹在 PAN 纤维基体内部。可知：LLTO 对金属锂不稳定，与锂金属接触时，Ti^{4+} 将被还原为低价态 Ti^{3+}，在界面处形成混合离子电子导体层，最终导致固态电池内部发生短路。而在 LLTO/PAN/SNE 复合固态电解质中，溶胀的 PAN 纳米纤维一方面可作为承载丁二腈基电解液的骨架，另一方面可以起到 LLTO 保护层的作用，防止 LLTO 纳米棒与金属锂负极直接接触，有效避免了电池短路的可能性。

(a)LLTO/PAN复合纤维膜的SEM图

(b)LLTO/PAN/SNE复合固态电解质膜的SEM图(插图为该电解质膜截面图)

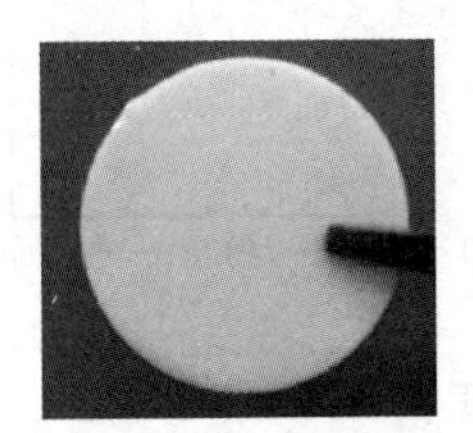

(c)LLTO/PAN复合纤维膜光学照片

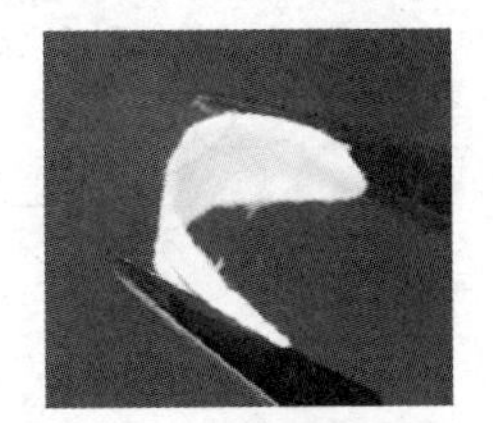

(d)LLTO/PAN复合纤维膜光学照片

图 6-7　不同复合固态电解质膜的扫描电镜及光学照片

固态电解质必须具备足够的机械强度，可以抵御锂枝晶刺穿和电池封装时引起的损坏。本研究通过拉伸试验表征了 LLTO/PAN/SNE 复合电解质膜的机械性能。由图 6-8 可以看出：LLTO/PAN/SNE 复合固态电解质膜的最大拉伸强度为 3.1MPa，远高于 PAN/SNE 膜的最大拉伸强度(0.4MPa)。LLTO/PAN/SNE 复合固态电解质膜能够在断裂前保持约 41.0%的应变，而 PAN/SNE 电解质膜的断裂伸长率仅为 6.5%。结果表明：引入 LLTO 纳米棒填料可以显著增强 LLTO/PAN/SNE 复合电解质膜的机械强度。

热稳定性是衡量固态电解质的一个重要指标，直接关系到固态电池的安全性。本章通过 TGA 测试对 LLTO/PAN/SNE 复合固态电解质膜和浸润商用电解液的 Celgard 2400 隔膜的热稳定性进行对比。如图 6-9 所示，Celgard 2400 隔膜从 50℃开始迅速失重，这是由于液态电解液中碳酸酯类溶剂的挥发。而 LLTO/PAN/SNE 复合固态电解质在 115℃之前未发生明显质量损失，说明其具有很高的热稳定性，这可能归因于 SN 和聚丙烯腈的—CN 基官能团的惰性。

为进一步研究该电解质膜的安全性，对以上两种电解质膜进行了热收缩实验，图 6-10(a)、(b)分别为商用液态电解质浸润后的 Celgard 2400 隔膜和 LLTO/PAN/SNE 复合固态电解质膜热收缩的光学照片。从图 6-10(b)中可以看出，150℃下加热 10min 后，Celgard 2400 隔膜出现严重的热收缩。相比之下，

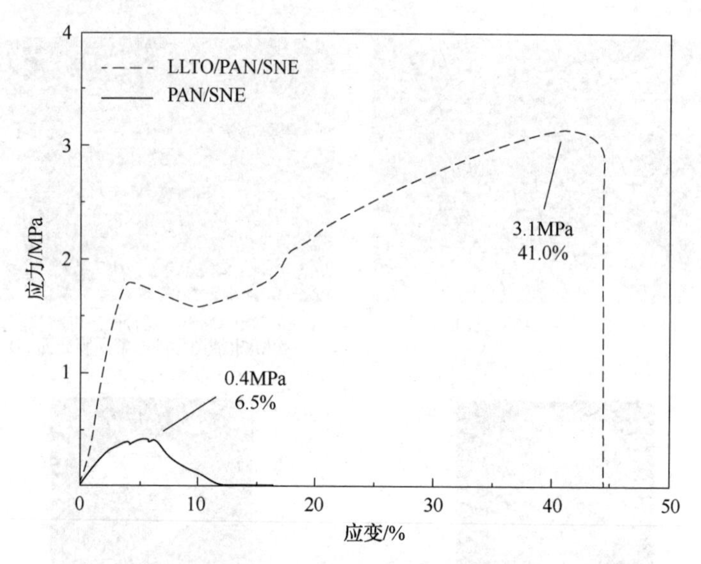

图 6-8　LLTO/PAN/SNE 和 PAN/SNE 的应力-应变曲线

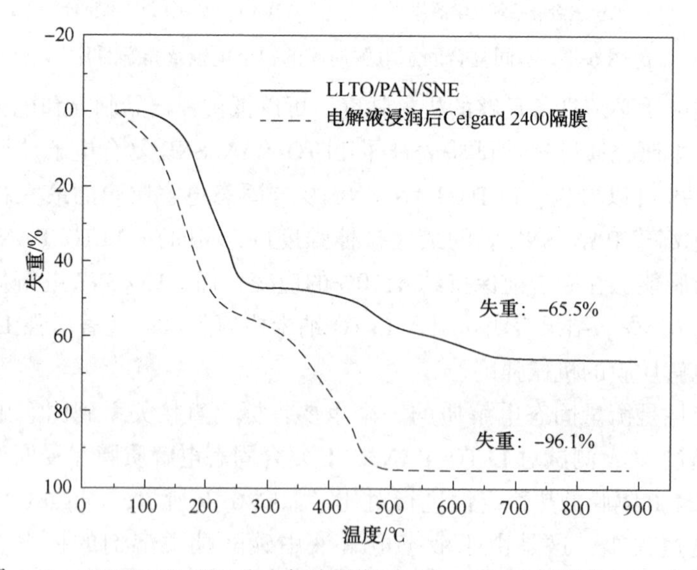

图 6-9　LLTO/PAN/SNE 和电解液浸润后 Celgard 2400 隔膜的 TGA 曲线

图 6-10(a)所示的 LLTO/PAN/SNE 复合电解质膜未发生明显形变，表现出良好的热稳定性。除此之外，采用直接燃烧测试来进一步验证该复合电解质膜的热稳定性。如图 6-10(d)所示，带有液体电解质的 Celgard 2400 隔膜瞬间被点燃，并在 5s 内迅速燃尽。而 LLTO/PAN/SNE 中起到三维骨架作用的 PAN 纳米纤维暴露在 1300℃的火焰超过 25s 后燃尽，但是膜结构中复合的无机 LLTO 填料并

不参与燃烧而保留下来[见图 6-10(c)]。这种高负载的 LLTO 纳米棒填料可以充当热稳定的物理屏障，避免电池在着火时正、负电极之间的直接接触。该复合固态电解质膜的出色机械稳定性和热稳定性对于固态电池的安全性具有重要意义。

(a)LLTO/PAN/SNE的热收缩实验光学照片

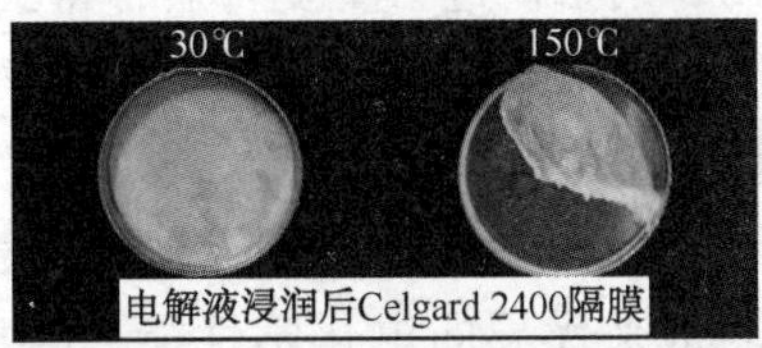

(b)电解液浸润Celgard 2400隔膜的热收缩实验光学照片

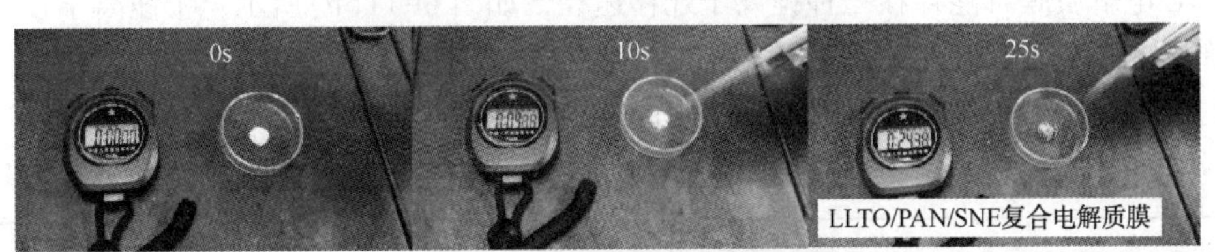

(c)LLTO/PAN/SNE的燃烧实验光学照片

(d)电解液浸润Celgard 2400隔膜的燃烧实验光学照片

图 6-10　LLTO/PAN/SNE 和电解液浸润 Celgard 2400 隔膜的热收缩和燃烧实验光学照片

6.2.2　LLTO/PAN/SNE 复合固态电解质的电化学性能研究

图 6-11(a)所示为不同电解质样品的离子电导率与测试温度之间的关系曲线。可以看出：log(σ)-1000/T 关系曲线在低温区(-20～20℃)和高温区(20～90℃)分别符合线性关系，能够很好地满足 Arrhenius 方程。为分析该现象，利用式(6-1)计算各电解质样品在不同温度范围的活化能。

$$\sigma=\sigma_0\exp\left(-\frac{E_a}{RT}\right) \tag{6-1}$$

式中：σ 为离子电导率；σ_0为指前因子；E_a 为电导活化能；R 为理想气体常数。

在低温区（-20~20℃）复合电解质的活化能在 0.55~0.64eV 范围内，而在高温区（20~90℃）复合电解质的活化能为 0.13~0.16eV。该活化能的差异可归因于丁二腈基电解质在 20℃左右发生的相变，与 DSC 的测试结果恰好吻合。不同电解质样品的活化能及其在 30℃时的离子电导率见表 6-1。其中 SNE 的离子电导率可达到 4.53×10^{-3}S/cm，在复合 PAN 纳米纤维后，PAN/SNE 电解质膜的离子电导率降低到 1.37×10^{-3}S/cm，这是由于 PAN 聚合物本身并不是良好的锂离子导体。而将 PAN/SNE 与 LLTO 纳米棒进一步复合后，得到的复合固态电解质膜的离子电导率略有增加，可达到 2.20×10^{-3}S/cm，这意味着添加 LLTO 纳米棒填料可促进锂离子在电解质中的传输。值得注意的是，室温下 LLTO/PAN/SNE 的离子电导率高于商用电解液浸润的 Celgard 2400 隔膜，这表明 LLTO/PAN/SNE 复合电解质膜有望为固态电池带来优异的电化学性能。高离子导电性 LLTO/PAN/SNE 电解质膜可能存在三种锂离子迁移途径，如图 6-11(b)所示：①锂离子在存在于 3D 多孔 PAN 纳米纤维骨架中的液相 SNE 中迁移；②锂离子沿 LLTO 纳米棒的表面迁移；③锂离子沿着部分溶胀的 PAN 纳米纤维迁移。

表 6-1　30℃下不同电解质样品的电导率和活化能

样品	σ/(S/cm)(30℃)	E_a/eV	
		20~90℃	-20~20℃
SNE	4.53×10^{-3}	0.16	0.55
LLTO/PAN/SNE	2.20×10^{-3}	0.14	0.64
PAN/SNE	1.37×10^{-3}	0.14	0.62
商用电解液	11.8×10^{-3}		
完全浸润商用电解液的 Celgard 2400 隔膜	0.55×10^{-3}		

分别对 LLTO/PAN/SNE 和 PAN/SNE 电解质进行锂离子迁移数测试(见图 6-12)，通过附录公式(4)计算得到 LLTO/PAN/SNE 的锂离子迁移数为 0.77，远高于 PAN/SNE 电解质(0.64)和商用有机液体电解质(0.2~0.3)。这是由于 LLTO 作为一种单锂离子导体，其锂离子迁移数理论值为 1。添加 LLTO 陶瓷纳米棒可为锂离子迁移提供有效的途径，显著提高离子迁移能力，从而提高 LLTO/PAN/SNE 的锂离子迁移数。因此，将 LLTO 纳米棒引入 PAN/SNE 基体中对提高离子电导率和锂离子迁移数具有积极作用。

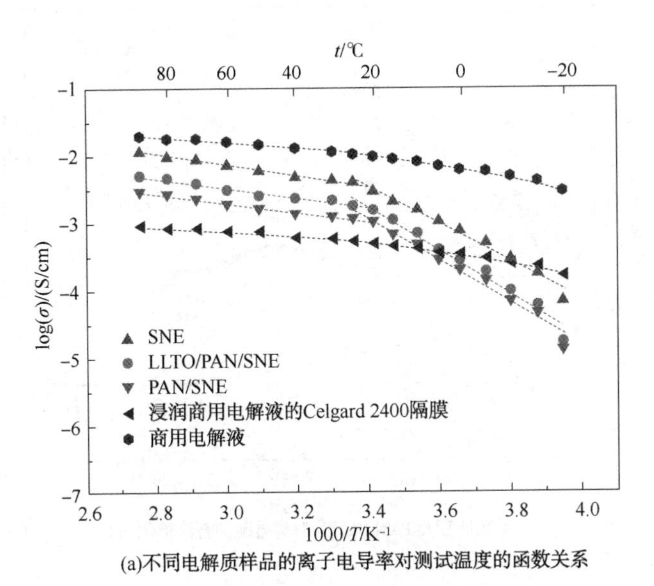

(a)不同电解质样品的离子电导率对测试温度的函数关系

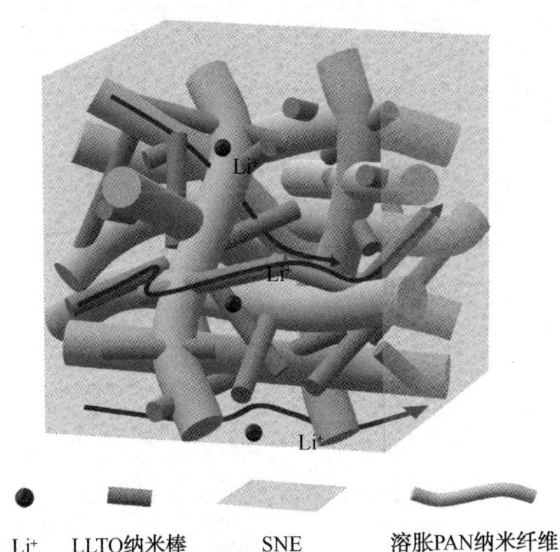

(b)LLTO/PAN/SNE的锂离子迁移路线示意

图 6-11　不同电解质样品的离子电导率对测试温度的函数关系及 LLTO/PAN/SNE 的锂离子迁移路线示意图

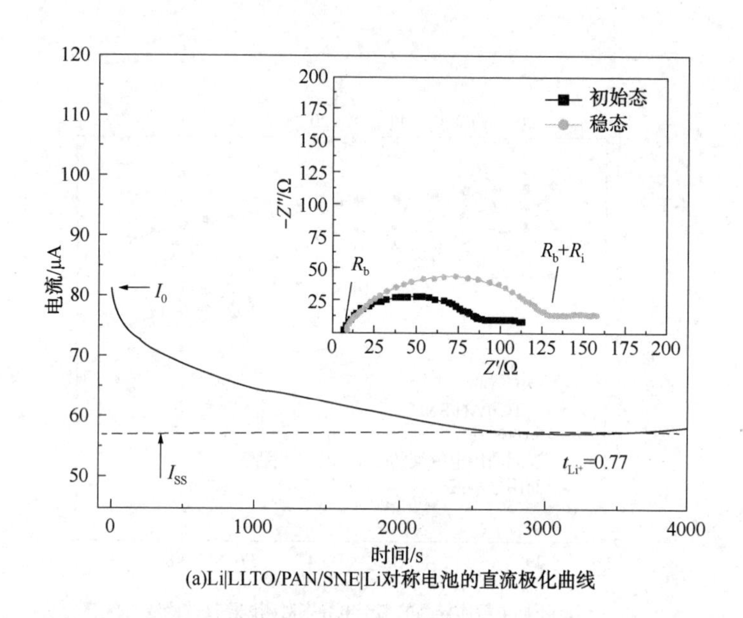

(a)Li|LLTO/PAN/SNE|Li对称电池的直流极化曲线

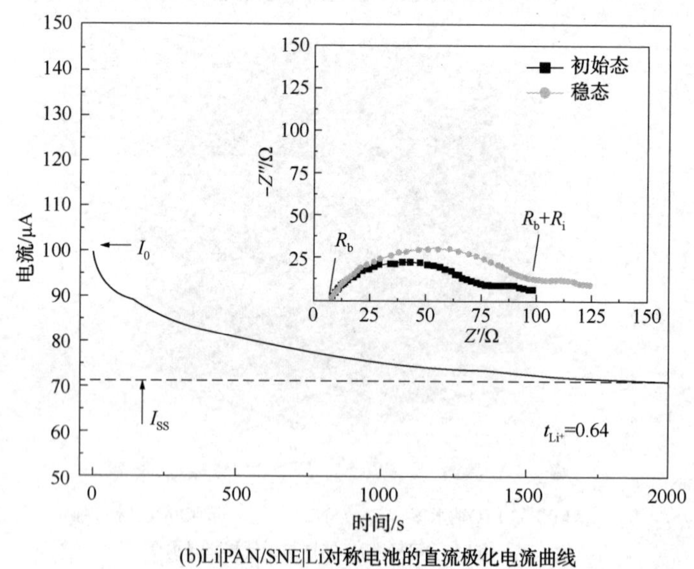

(b)Li|PAN/SNE|Li对称电池的直流极化电流曲线

图 6-12 锂锂对称电池的直流极化电流曲线

(插图为初始状态和稳定状态下的电化学阻抗)

实际应用中要求复合固态电解质具备较宽的电化学窗口。图 6-13 所示为 Li|LLTO/PAN/SNE|SS 和 Li|PAN/SNE|SS 电池的线性扫描伏安(LSV)曲线。PAN/SNE 复合电解质的氧化分解电压约为 4.9V(*vs.* Li/Li^+)，而 LLTO/PAN/SNE 的氧化分解电压约为 5.1V(*vs.* Li/Li^+)。这是由于高氧化稳定性的 LLTO 纳米棒的引入提高了 LLTO/PAN/SNE 复合固态电解质膜的电化学稳定性。

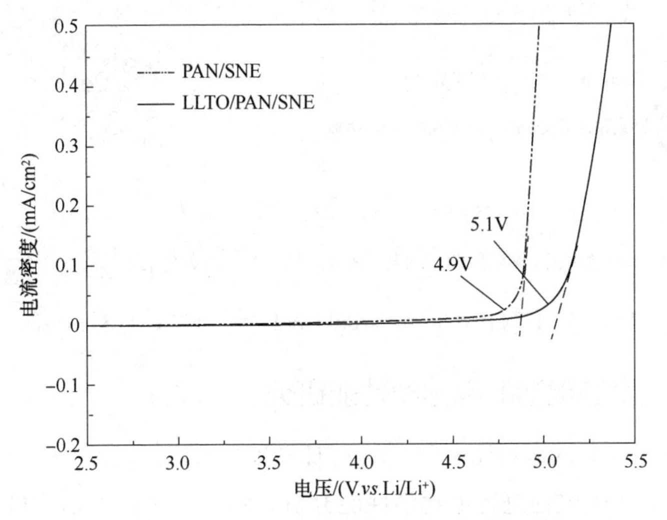

图 6-13 LLTO/PAN/SNE 和 PAN/SNE 的电化学稳定窗口

为研究金属锂负极表面锂的沉积/溶出及其与 LLTO/PAN/SNE 复合固态电解质界面的稳定性，通过组装 Li|LLTO/PAN/SNE|Li 对称电池进行锂的沉积/溶出测试，并与 Li|PAN/SNE|Li 对称电池的性能进行对比。图 6-14(a)所示为 30℃ 下 Li|LLTO/PAN/SNE|Li 和 Li|PAN/SNE|Li 电池在电流密度为 0.2mA/cm^2、循环容量为 0.2mA·h/cm^2 的电压-时间曲线。对于 Li|PAN/SNE|Li 电池，极化电压明显大于 Li|LLTO/PAN/SNE|Li，循环约 78h 后电压突然下降，说明此时锂枝晶可能刺穿了 PAN/SNE 膜，导致两个锂电极之间发生短路。而 Li|LLTO/PAN/SNE|Li 电池的极化电压逐渐稳定在 25mV，循环 400h 后极化电压未发生明显变化，说明锂离子在锂负极表面可以均匀沉积，同时 LLTO/PAN/SNE 电解质具有很高的机械强度，可有效地抑制锂枝晶生长。图 6-14(b)所示为 Li|LLTO/PAN/SNE|Li 不同搁置时间后的电化学阻抗谱图，搁置 4d 后，LLTO/PAN/SNE 和金属锂之间的界面电阻值约为 200Ω，搁置 14d 后逐渐降低至 125Ω，界面电阻值未随着搁置时间的增加发生明显变化，表明 LLTO/PAN/SNE 和金属锂之间形成一层稳定的界面钝化层，抑制界面副反应的进一步发生。结果表明：LLTO/PAN/SNE 对金属

锂具有良好的相容性和稳定性。

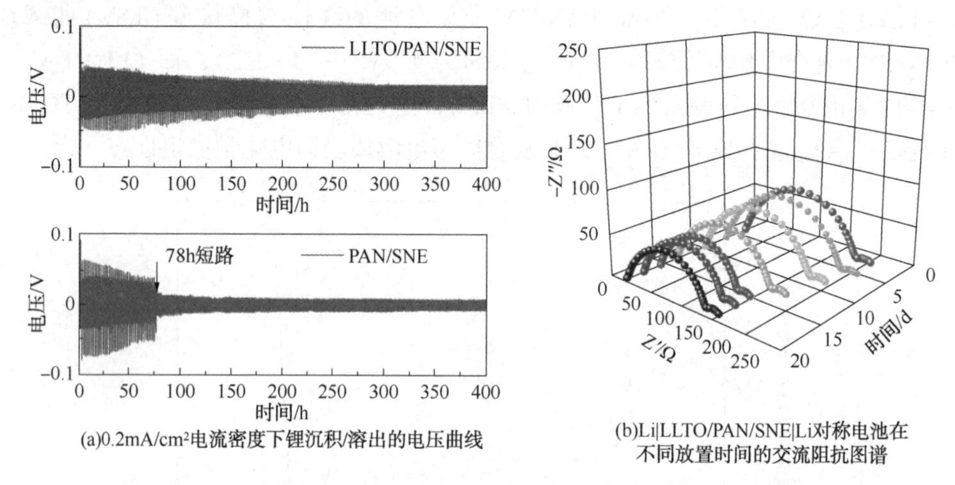

(a)0.2mA/cm²电流密度下锂沉积/溶出的电压曲线

(b)Li|LLTO/PAN/SNE|Li对称电池在不同放置时间的交流阻抗图谱

图 6-14　Li | LLTO/PAN/SNE |Li 和 Li | PAN/SNE |Li 对称电池

6.2.3　固态电池的电化学性能研究

为评估 LLTO/PAN/SNE 电解质在实际体系下的应用可行性，组装了 Li | LLTO/PAN/SNE | $LiFePO_4$电池进行电化学性能分析。图 6-15(a)所示为Li || $LiFePO_4$电池在不同电流扫速下的循环伏安(CV)曲线，测试电压为 2.5~4.2V，扫描速度分别为 0.1mV/s、0.2mV/s、0.3mV/s、0.4mV/s。可以看出：该电池仅出现一对对应于 Fe^{2+}/Fe^{3+} 氧化还原反应可逆峰，该氧化还原峰对称性良好，说明其具有高度的循环可逆性。同时，随着扫描速度增大，所有氧化还原峰仍保持峰形尖锐，并且不存在其他副反应峰，进一步表明了当使用 LLTO/PAN/SNE 电解质时 $LiFePO_4$电极的锂嵌入/脱嵌具有良好的可逆性，特别是在快速充/放电条件下，LLTO/PAN/SNE 电解质与电极界面仍能保持优异的稳定性。利用式(6-2)计算锂离子扩散系数：

$$I_p = 2.69\times10^5 n^{3/2} CAD^{1/2} v^{1/2} \tag{6-2}$$

式中：I_p为峰电流值，A；n 为电极反应的电子转移数，$n=1$；C 为 $LiFePO_4$ 电极材料中锂离子的浓度，2.28×10^{-2} mol/cm³；A 为电极极片的有效接触面积，0.95cm²；D 为锂离子扩散系数，cm²/s；v 为 CV 扫描速率，V/s。

根据峰电流 I_p和 $v^{1/2}$的线性关系[见图 6-15(b)]，计算得到电池在氧化和还原过程中锂离子的扩散系数分别为 2.42×10^{-11} cm²/s 和 1.02×10^{-11} cm²/s，与使用商用碳酸酯类电解液的 $LiFePO_4$ || Li 电池锂离子扩散系数数值相当。说明 LLTO/

PAN/SNE 作为电解质可提供较快的锂离子扩散速率，进而可保证电池的倍率性能。

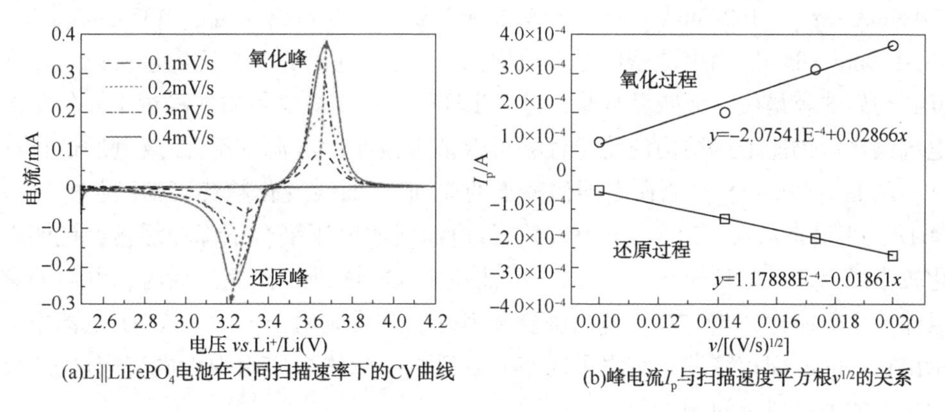

图 6-15 Li || $LiFePO_4$ 电池(a)不同扫描速率下的 CV 曲线和

(b)峰电流 I_p 与扫描速度平方根 $v^{1/2}$ 的关系图

Li || $LiFePO_4$电池在 0.5C 下，在 2.5~4.2V 的循环性能如图 6-16(a)所示。电池在循环 150 周后，表现出 151mA · h/g 的稳定放电比容量，平均库仑效率达到 99.7%。图 6-16(b)所示为电池在 0.5C 倍率下不同循环周数的充/放电曲线。可以看到：随着充/放电循环的进行电池的极化电压基本未发生明显变化。其优异的循环稳定性可主要归因于 LLTO/PAN/SNE 具备较高的离子迁移数，以及循环过程中 LLTO/PAN/SNE 电解质和金属锂之间出色的界面稳定性。溶胀后的 PAN 纳米纤维可完全包裹在 LLTO 纳米棒表面，有效地防止 LLTO 与金属锂负极之间发生还原反应。

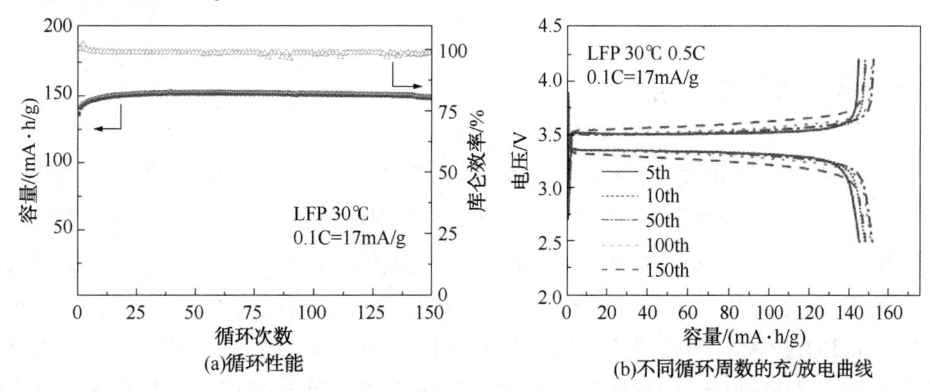

图 6-16 Li || $LiFePO_4$电池的循环性能及不同循环周数的充/放电曲线

图 6-17(a)所示为 Li || $LiFePO_4$电池的倍率阶梯性能，当施加的电流密度分别为 0.1C、0.2C、0.5C、1C、2C 和 5C 时，该电池每阶段的最高放电比容量分别为 170.9mA · h/g、162.3mA · h/g、155.2mA · h/g、148.6mA · h/g、133.5mA · h/g 和 91.8mA · h/g。当电流密度重新返回 0.1C 时，电池的放电比容量可以迅速恢复到初始的容量值，无明显衰减，进一步证明了该复合电解质在经过不同倍率的电流循环后仍能维持结构的稳定性，可保证电池在大电流密度充/放电后运行良好。从 Li || $LiFePO_4$电池在不同倍率下的充/放电曲线变化趋势可知[见图 6-17(b)]，当倍率从 0.1C 增长至 1C 时，放电曲线的电压平台下降较缓慢，说明极化较小。当倍率增长至 5C，即固态电池在 12min 内进行深充深放时，电池的容量保持率仍能达到 53.7%。说明该复合固态电解质应用于 Li || $LiFePO_4$电池中显示出良好的匹配相容性，克服了固态电解质在实际体系应用中大电流密度充/放性能差的关键瓶颈问题。

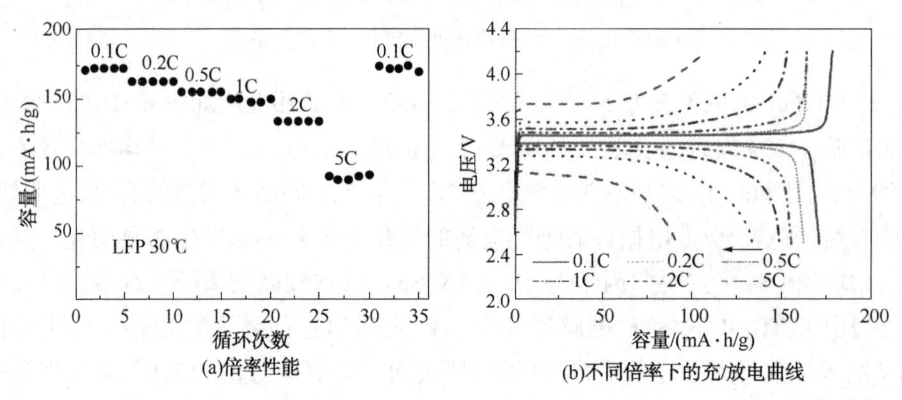

图 6-17 Li || $LiFePO_4$电池的倍率性能及不同倍率下的充/放电曲线

6.3 本章小结

通过结构设计和优化，构建了一种由 PAN 纳米纤维、LLTO 一维纳米棒及丁二腈基电解质复合而成的新型 LLTO/PAN/SNE 固态电解质膜。该柔性的复合固态电解质膜具有特殊的三维网状结构，具备优异的室温锂离子电导率，可以形成稳定的电极/电解质界面，能够有效地解决 LLTO 与金属锂化学稳定性差等问题。匹配 $LiFePO_4$正极与金属锂负极后，组装的固态电池表现出良好的循环稳定性和倍率性能，为高性能 LLTO 固态电池的发展提供了一种具备广阔应用前景的解决方案。具体结论如下：

（1）采用静电纺丝法制备了三维网状结构的 LLTO/PAN/SNE 复合固态电解质膜。在此特殊的结构中，LLTO 纳米棒有效、均匀地分散在聚合物基底内。均匀分散的 LLTO 纳米棒不仅提供了更多的锂离子迁移路径，同时对提高离子电导率和锂离子迁移数具有积极作用。该复合电解质室温离子电导率可达到 2.20×10^{-3}S/cm，具备 5.1V(*vs.* Li/Li^+)的宽电化学窗口。

（2）LLTO 纳米棒填料的引入在保持复合电解质膜柔韧性的同时，提高了其机械强度。此外，燃烧实验和热收缩实验表明该复合电解质膜未发生燃烧及收缩熔融现象，表现出优异的热稳定性，有利于提高电池的安全性。

（3）在 LLTO/PAN/SNE 复合电解质膜结构中，LLTO 纳米棒填料由溶胀的 PAN 纳米纤维完全包裹，有效地解决了 LLTO 固态电解质与金属锂界面不稳定问题。LLTO/PAN/SNE 复合电解质膜与金属锂负极匹配表现出良好的界面相容稳定性，锂锂对称电池在电流密度为 0.2mA/cm^2的测试条件下循环 400h 后极化电压未发生明显变化，证明副反应得到有效的抑制。匹配 $LiFePO_4$正极材料与金属锂负极后，电池在 0.5C 的电流密度下经过 150 周循环，放电比容量未明显衰减，仍能够保持在 151mA · h/g 左右。在 5C 的大电流密度仍能保持 91.8mA · h/g 的放电比容量，表现出良好的循环稳定性和倍率性能。

第7章

LLTO基复合固态电解质修饰隔膜的应用研究

隔膜作为电池的重要组成部分，在决定电池的电化学性能方面起着至关重要的作用。如果要实现稳定的锂溶解/沉积，对隔膜的改性比对金属锂负极修饰更方便。近年来，许多研究小组报道了各种隔膜改性的方法，旨在提高隔膜在高温下的热稳定性、高压下的电化学稳定性、对电解液的润湿性及机械强度。其中，常见的表面改性涂层材料包括无机陶瓷材料(如SiO_2、MgO和Al_2O_3等)，以及聚合物材料(如聚偏二氟乙烯、聚氧化乙烯、聚甲基丙烯酸甲酯等)。但是，以上这些改性方法的研究思路是通过增强复合隔膜的机械强度，防止锂枝晶生长，并未从根本上解决锂枝晶成核的问题，因此限制了电池电化学性能的进一步提升。

无机固态电解质由于具有良好的离子传导特性，同时具备较高的机械强度和安全性，在一定程度上可抑制锂枝晶生长，是作为隔膜改性材料的一种绝佳选择。已有研究表明，将固态电解质修饰在隔膜表面可提高金属锂电池锂沉积/溶出过程的稳定性，表现出良好的电化学性能。如Zhao等人将Al掺杂的LLZTO涂覆在聚丙烯(PP)隔膜表面，利用复合固态电解质层具备的三维锂离子快速通道重新分布不均匀的锂离子，实现了无金属锂枝晶沉积。Shi等人将玻璃陶瓷电解质LAGP修饰在PP隔膜表面，提高了隔膜的热稳定性和浸润性。同时，由于涂覆层具备促进锂离子传导的传输通道，与涂覆Al_2O_3改性隔膜相比，LAGP修饰的PP隔膜具备更高的离子电导率。除此之外，Liang等人设计了一种LAGP/PP/PVDF-HFP双层非对称复合隔膜，这种改性方法可增加PP隔膜的浸润性，有效降低电池界面电阻，与电极的界面兼容性良好，提高了界面稳定性。Huo等人在将含有聚偏氟乙烯(PVDF)和LLZTO的分级多孔复合固态电解质涂覆在PP隔膜表面，利用电解质层具备的三维锂离子通道，诱导来自PP隔膜表面浓度不均匀的锂离子重新分布。

从前期的研究工作可以看出，LLTO 基复合固态电解质具备优异离子电导率和热稳定性，可以作为改性涂层材料修饰隔膜。因此，本章选用 LLTO 作为填料与 PVDF($LiClO_4$)基聚合物电解质复合，制备一种三维网状多孔的 LLTO 复合固态电解质，并修饰在 Celgard 2325 隔膜一侧，设计并构建一种改性隔膜。利用 LLTO 复合固态电解质层具备的优异的锂离子传导能力的特性，诱导金属锂负极界面处锂离子的均匀分布，实现金属锂负极无枝晶生长，提高金属锂电池的安全性。

7.1 材料的制备

7.1.1 PELT 复合电解质的制备

采用第 6 章所用的 LLTO 纳米棒作为填料，分别将质量分数为 0、5%、10%和 15%的 LLTO 粉体加入 DMF 溶剂中，超声分散 2h。然后将 PVDF、乙基纤维素(EC)和 $LiClO_4$按 7∶2∶1 的质量比加入上述溶液中，充分搅拌直至得到均匀浆料。将复合电解质浆料用刮刀涂在玻璃板上，置于 80℃烘箱中真空干燥 48h，待干燥后得到 PELT 复合电解质膜。作为对比，将不添加 LLTO 填料的样品标记为 PVDF-EC。

7.1.2 Celgard@PELT 改性隔膜的制备

采用刮涂法将上述复合电解质浆料涂在 Celgard 2325 隔膜的一侧，随后置于 80℃烘箱中真空干燥 24h，待干燥后得到 Celgard@ PELT 改性隔膜。

7.2 结果与讨论

7.2.1 PELT 复合电解质的电化学性能研究

图 7-1(a)、(b)分别为不同 LLTO 含量 PELT 复合固态电解质的室温 Nyquist 交流阻抗图谱及离子电导率柱状图。可以看出：随着 LLTO 填料含量增加，PELT 的离子电导率呈先增加后减小的变化趋势，表现出明显的“渗流效应”。当 LLTO 填料的添加量质量分数为 5%时，该复合电解质膜的室温离子电导率达到最大值，约为 5.74×10^{-5}S/cm，相比于不添加 LLTO 填料的电解质离子电导率高一个数量

级，说明 LLTO 的加入可以提高聚合物复合电解质的离子电导率。锂离子迁移数是衡量固态电解质的关键指标，图 7-1(c)所示为室温下 Li|PELT|Li 对称电池的恒电压极化电流-时间曲线和交流阻抗图谱。设置极化电压为 10mV，测试时间为 6000s，利用附录公式(4)计算得到 PELT 复合电解质层的锂离子迁移数为 0.74。高离子迁移数的获得，可能是由于 LLTO 填料的加入为锂离子迁移提供了大量快速传输通道。

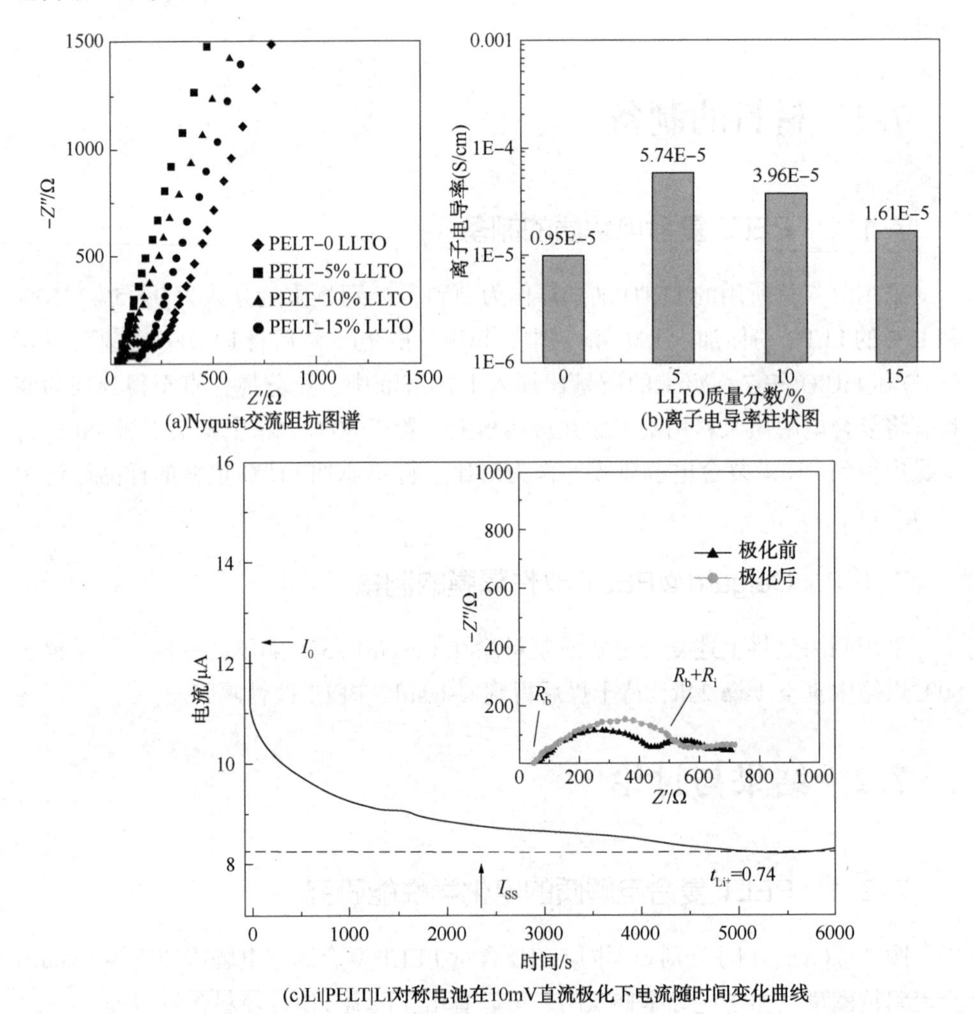

图 7-1　不同 LLTO 含量 PELT 复合电解质在室温下的 Nyquist 交流阻抗图谱、离子电导率柱状图及 Li|PELT|Li 对称电池在 10mV 直流极化下电流随时间变化曲线（插图为极化前后 Li|PELT|Li 对称电池的电化学阻抗谱）

7.2.2 Celgard@PELT 改性隔膜的表征及性能研究

图 7-2 所示为不同隔膜样品的 XRD 图谱，对于 Celgard 2325 隔膜，衍射峰在 2θ= 14.1°、16.9°、18.6°、21.5°和 23.8°处存在典型的 σ 晶型聚丙烯隔膜基体的特征峰。而 Celgard@ PELT 改性隔膜所有 XRD 衍射峰信号均来自 Celgard 2325 隔膜基体和钙钛矿晶型的 LLTO，没有观察到明显的 PVDF 的衍射峰信号。结果表明：添加 LLTO 无机固态电解质填料后 PELT 复合电解质层中 PVDF 聚合物基体的结晶度有所降低。

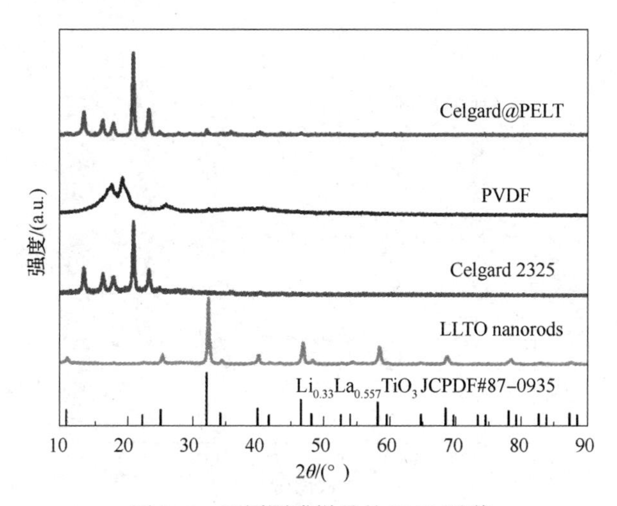

图 7-2 不同隔膜样品的 XRD 图谱

图 7-3 所示的傅里叶变换红外光谱(FTIR)进一步证实了 Celgard 2325 隔膜和 PELT 电解质层之间的化学稳定性。其中，Celgard@ PELT 改性隔膜在 500 ~ 720cm^{-1}的宽吸收峰，对应于 LLTO 结构中的 Ti-O-Ti 的特征收缩振动峰。此外，在 3525cm^{-1}和 3575cm^{-1}处的特征吸收峰对应于 LLTO 颗粒表面羟基(—OH)的拉伸振动。1074cm^{-1}的特征吸收峰对应于 C—C 键的不对称拉伸振动，而 Celgard@ PELT 改性隔膜在此处的吸收峰强度明显高于 Celgard@ PVDF-EC。同时，Celgard@ PELT 改性隔膜在 1629cm^{-1}出现了新的吸收峰，对应于 C ═C 双键的不对称拉伸振动。

图 7-4(a)所示为 PELT 和 PVDF-EC 电解质浆料的光学照片，其中 PVDF-EC 浆料呈无色透明状，而加入 LLTO 后 PELT 浆料变为浅棕色。结果表明：由于 LLTO 提供了碱性环境，导致 PVDF 局部链段发生脱氟反应，一部分发生自聚合反应交联生成了新的 C—C 键，一部分生成了 C ═C 双键。局部脱氟反应可以增

加 PVDF 的无定形区域，促进 PVDF 聚合物链段的摆动，提高锂离子在 PELT 复合固态电解质层的传输。为进一步探究 PELT 电解质中各组分之间的相互作用，对电解质膜进行 F 1s XPS 测试分析[见图 7-4(b)]。其中，PVDF-EC 电解质膜在 688.0eV 的特征峰对应于 PVDF 结构中所含的 C—F 键。而对于 PELT 电解质，可以看到：除了在 688.0eV 特征峰对应的 C—F 键外，在 684.9eV 出现一个新的特征峰，对应于 F—Li 键。推测可能是由于 LLTO 与 PVDF 之间存在的相互作用促进锂盐的解离而生成 F—Li 键，可以进一步提高锂离子在电解质中的传输，提高 PELT 复合电解质的锂离子迁移数。

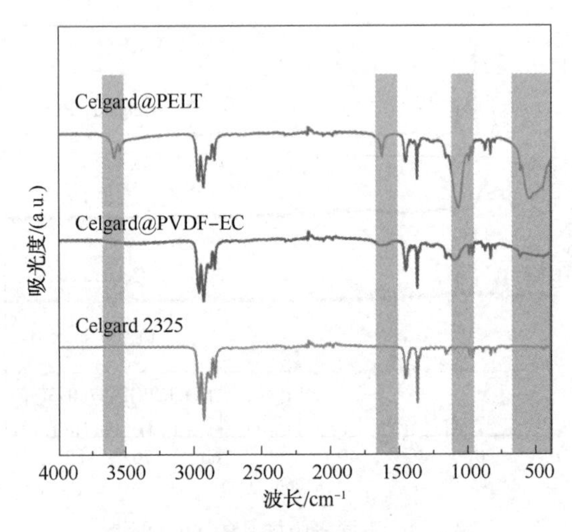

图 7-3　不同隔膜样品的 FTIR 光谱

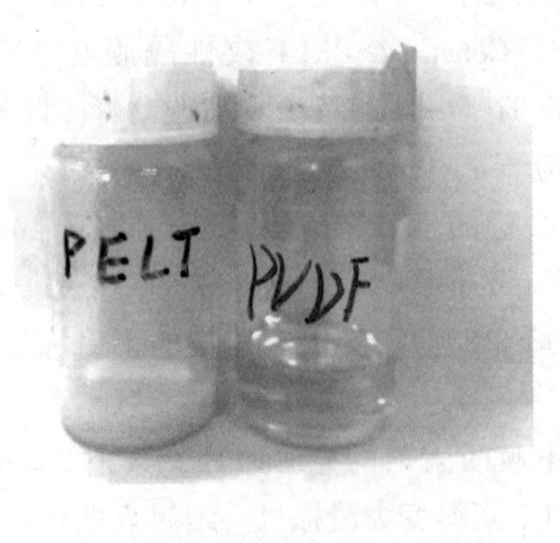

(a)PELT和PVDF-EC电解质的光学图片

F 1s
C—F
F—Li
PELT
PVDF-EC
强度/(a.u.)
690 688 686 684 682
结合能/eV

(b)PELT和PVDF-EC电解质中F 1s的XPS图谱

图 7-4　PEST 和 PVDF-EC 电解质的光学图片及 F ls 的 XPS 图谱

图 7-5(a)所示为 Celgard 2325 隔膜表面微观形貌图。可以看出：Celgard 2325 隔膜表面分布着裂纹状亚微米级微孔，有较高的孔隙率，孔隙结构分布均匀一致，这些相互连通的孔隙结构能够促进电解液的浸润和传输。在 Celgard 2325 隔膜表面修饰 PVDF-EC 聚合物电解质层后，隔膜表面电解质层呈现三维网状结构，内部由孔径为微米级的大孔互相连接[见图 7-5(b)]。这种三维网状多孔结构有效增大了隔膜的比表面积，提高了电解液对隔膜的润湿性，同时促进了锂离子的均匀分布。与 Celgard@ PVDF-EC 相比，Celgard@ PELT 改性隔膜表面微观结构没有明显变化，说明 LLTO 纳米颗粒均匀地包裹在 PVDF 聚合物基体内部，未进入隔膜的孔洞内部阻塞锂离子传输[见图 7-5(c)]。从图 7-5(d)所示的 Celgard@ PELT 改性隔膜的断面 SEM 图可以看出：Celgard 2325 隔膜厚度约为 25μm，而 PELT 电解质层的厚度约为 7μm，并且紧密地黏附在 Celgard 2325 隔膜表面。

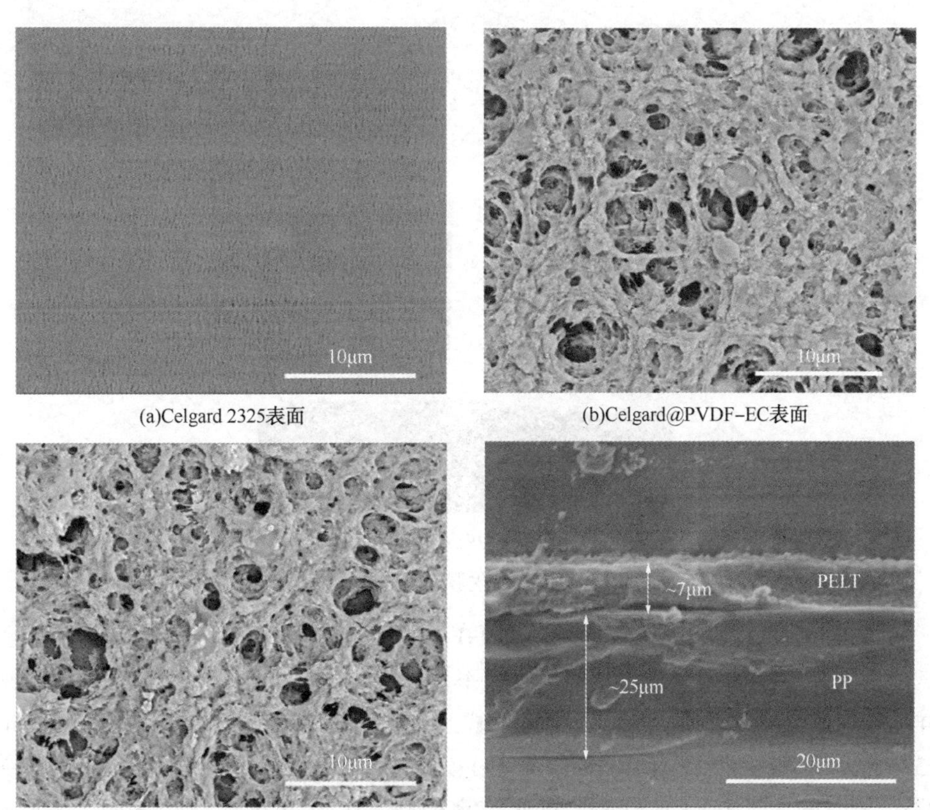

(a)Celgard 2325表面　(b)Celgard@PVDF-EC表面

(c)Celgard@PELT表面　(d)Celgard@PELT断面

图 7-5　不同隔膜样品扫描电镜照片

接触角测试是衡量电解液与隔膜浸润性的重要标准。如图 7-6(a)所示，Celgard 2325 隔膜与电解液的接触角为 34.1°，Celgard@ PVDF-EC 复合隔膜与电解液的接触角为 27.6°[见图 7-6(b)]。结果表明：经过电解质层修饰后的改性隔膜对电解液的浸润能力显著增强，这归因于隔膜表面涂覆的多孔结构聚合物电解质层增加了与电解液的接触面积。而 Celgard@ PELT 改性隔膜与电解液的接触角进一步降低，仅为 16.4°[见图 7-6(c)]，表明 PELT 复合电解质层中 LLTO 颗粒的加入使隔膜与电解液的亲和性更好。

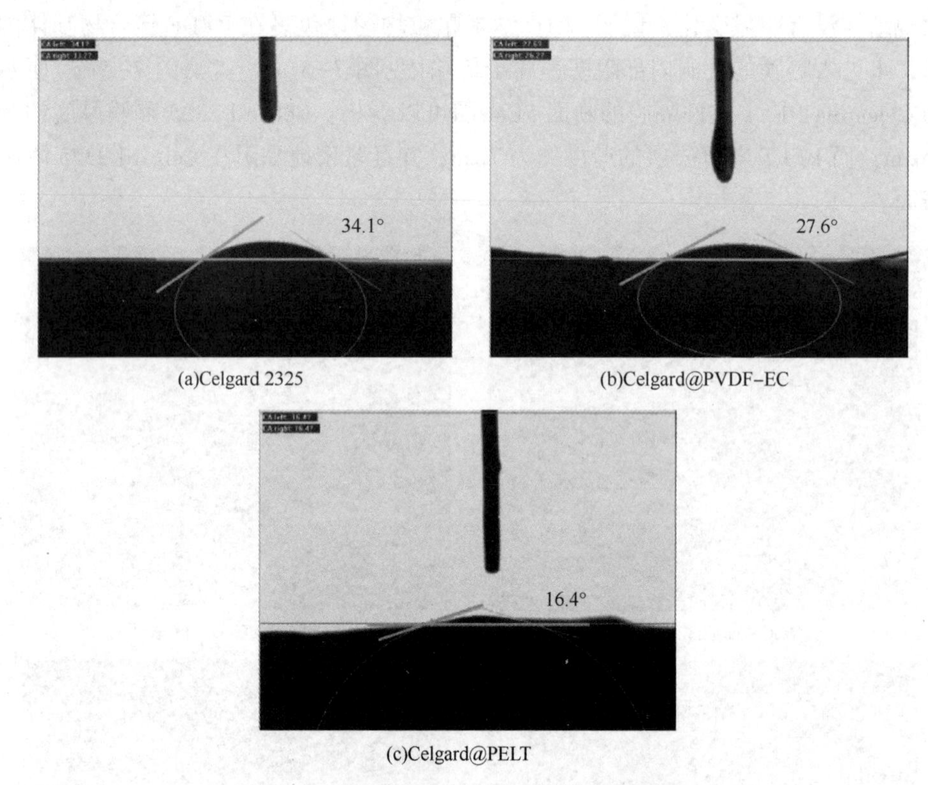

(a)Celgard 2325　　(b)Celgard@PVDF-EC

(c)Celgard@PELT

图 7-6　电解液在隔膜表面的接触角测试

隔膜的吸液率是指单位质量的隔膜在一定时间内吸附及保留电解液的质量，是衡量隔膜性能的一个重要指标，吸液率越高隔膜的性能越好。分别将三种隔膜样品在电解液中浸泡 2h 进行吸液率测试，结果见表 7-1。其中，未改性 Celgard 2325 隔膜的吸液率只有 105%，而 Celgard@ PVDF-EC 改性隔膜的吸液率为 233%，Celgard@ PELT 改性隔膜的吸液率最高，达到 263%。结果表明：不同隔膜样品的吸液率与其对电解液的浸润性结果相一致，说明 PELT 复合电解质层的多孔网状聚合物基体和内部具有微孔的 LLTO 无机固态电解质颗粒的引入可以增加隔膜与电解液的亲和性，提高改性隔膜的吸液率。

表 7-1 30℃下不同隔膜样品的接触角及吸液率

隔膜样品	接触角/(°)	吸液率/%
Celgard 2325	34.1	105
Celgard@ PVDF-EC	27.6	233
Celgard@ PELT	16.4	263

隔膜的热稳定性是影响电池安全性的重要因素。图 7-7 通过热重分析(TGA)评估了改性隔膜的热分解温度。可以看出：Celgard@ PELT 隔膜和 Celgard@ PVDF-EC 隔膜在室温到 235℃的温度区间内有轻微的失重，这可能是由于复合隔膜在测试过程中吸水或修饰电解质层本身残留的痕量溶剂的挥发导致的。随后，在 235~430℃温度区间内出现一个明显的失重过程，失重率质量分数约为 10%，对应 PVDF-EC 共混聚合物的热分解。三种隔膜的热分解温度均在 400℃左右，热分解速率也相似。结果表明：修饰隔膜的初始热分解温度虽然提前，但仍满足电池在高温下正常工作的基本需求。

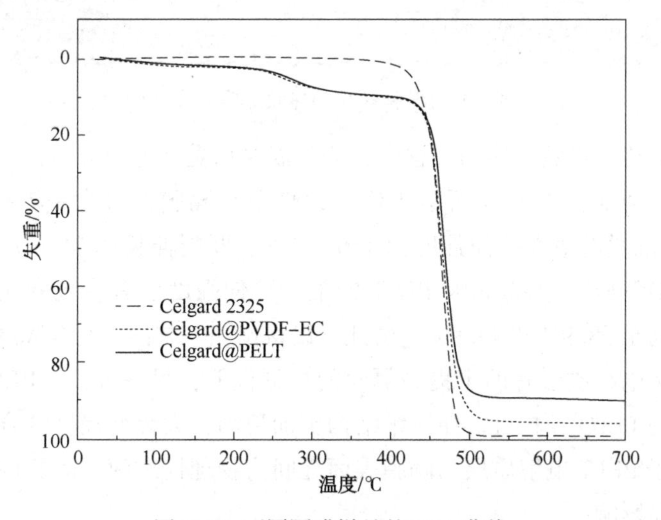

图 7-7 不同隔膜样品的 TGA 曲线

为进一步评价改性隔膜的耐热性能，分别将三种隔膜样品置于 150℃的烘箱中持续加热 30min，热收缩实验前后隔膜的光学照片如图 7-8 所示。其中，未经改性的空白 Celgard 2325 隔膜收缩十分明显，几乎完全卷曲。而经 PVDF-EC 和

PELT 电解质层涂覆的改性隔膜的热收缩现象均明显下降，其中 Celgard@ PELT 的热收缩尺寸最小。综合 TGA 及热收缩实验的结果，Celgard@ PELT 改性隔膜耐热性能得到明显改善的原因是 PELT 复合电解质中起刚性作用的 LLTO 电解质颗粒具备更高的耐高温隔热性能，它的引入在一定程度上抑制了隔膜在高温时的热收缩，从而增加了电池在使用过程中的安全性。

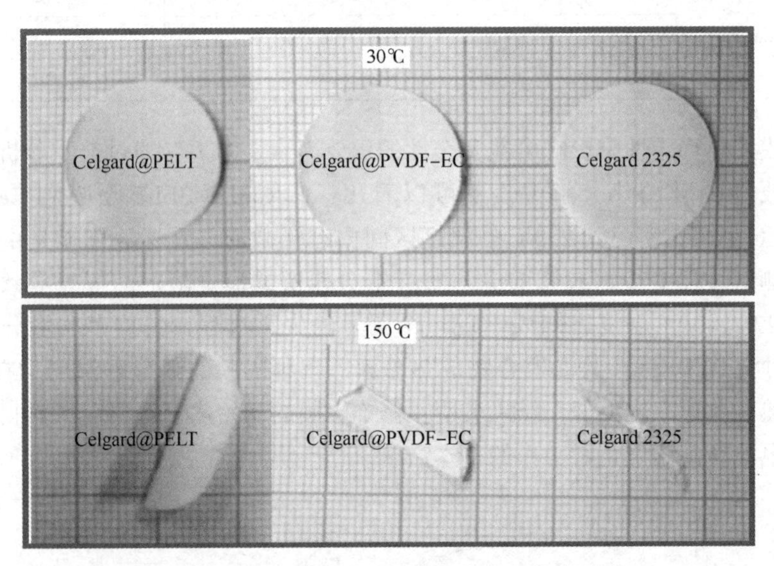

图 7-8　不同隔膜样品的热收缩实验光学图片

由于在电池的组装和使用过程中，隔膜需要承受一定的应力，因此需要其保持优异的机械强度。图 7-9 所示为修饰改性前后隔膜的应力-应变曲线，其中 Celgard 2325 隔膜的最大拉伸强度为 116.5MPa，断裂伸长率 31.6%。相比而言，Celgard@ PVDF-EC 和 Celgard@ PELT 的最大拉伸强度没有明显变化，但断裂伸长率分别提高至 38.9%和 42.9%。由此可以得出：一方面，复合隔膜表面附着的三维网状结构电解质层有助于提高隔膜的机械性能；另一方面，PELT 电解质层中均匀分布的 LLTO 颗粒可以使三维结构更加稳固，大幅度提升复合隔膜的机械强度。而由于 PELT 电解质层与隔膜表面之间为物理性黏附，隔膜的最大拉伸强度并没有明显影响。

7.2.3　Celgard@PELT 改性隔膜的电池电化学性能研究

实验研究了以 Celgard@ PELT 为隔膜的 Li || Cu 电池的电化学充/放电特性。将 PELT 复合电解质修饰层对铜箔一侧，以 $1mA/cm^2$ 的电流密度，$1mA\cdot h/cm^2$

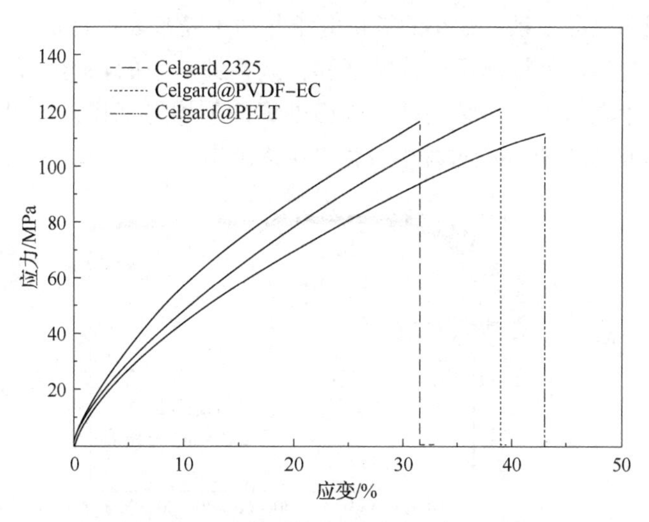

图 7-9 不同隔膜样品的应力-应变曲线

的放电容量先对电池放电，在铜箔表面沉积锂。再对电池以 1mA/cm^{2}的电流密度充电至电池电压为 1V。如图 7-10(a)所示，采用两种隔膜的 Li || Cu 电池前 60 周循环内均保持良好的循环稳定性，库仑效率基本一致。但是在 60 周循环后，采用 Celgard 2325 隔膜的 Li || Cu 电池充/放电发生异常，库仑效率开始异常波动，循环 100 周后的库仑效率下降至 86.7%。这是由于锂离子在铜箔表面发生不均匀的锂沉积，在界面处生成的锂枝晶刺穿隔膜造成微短路导致的。而采用 Celgard@ PELT 隔膜的 Li || Cu 电池在 100 周循环内显示了优异的循环稳定性，平均库仑效率为 97.5%。图 7-10(b)、(c)分别为采用 Celgard@ PELT 和 Celgard 2325 隔膜的 Li || Cu 电池第 50 周和 100 周循环的充/放电曲线。对比两个图可以看出：循环第 50 周两个电池的充电容量基本相同，均为 0.98mA · h/cm^2。而循环 100 周后，采用 Celgard@ PELT 隔膜的 Li || Cu 电池充电容量为 0.95mA · h/cm^2，相比之下，采用 Celgard 2325 隔膜的 Li || Cu 电池充电容量下降至 0.84mA · h/cm^2。可以推测，Celgard@ PELT 改性隔膜表面的 PELT 复合电解质层可以促进锂离子在金属锂负极界面快速迁移，减小锂离子的非均匀沉积，改善 Li || Cu 电池的循环稳定性。

为进一步研究 Celgard@ PELT 改性隔膜在改善金属锂负极循环稳定性方面的作用，分别用 Celgard@ PELT 和 Celgard 2325 隔膜组装了锂锂对称电池，实验采用的电流密度为 1mA/cm^2，循环容量为 1mA · h/cm^2。如图 7-11 所示，采用 Celgard@ PELT 隔膜的 Li || Li 电池可以稳定循环 1200h，极化电压稳定在 20mV

左右，未出现明显的波动。较小的极化电压归功于隔膜表面修饰的 PELT 复合电解质层不断促进界面处锂离子的快速迁移，调控锂离子的均匀分布。相比之下，由于循环过程中电解液的持续消耗和界面处锂的不均匀沉积，采用 Celgard 2325 隔膜的 Li || Li 电池在循环的过程中极化电压逐渐增大。

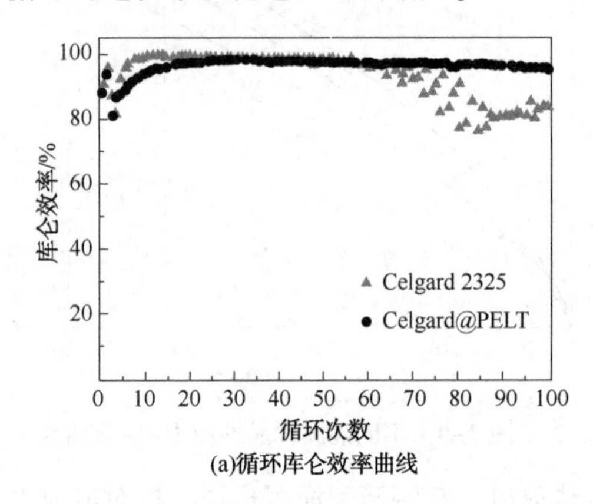

(a)循环库仑效率曲线

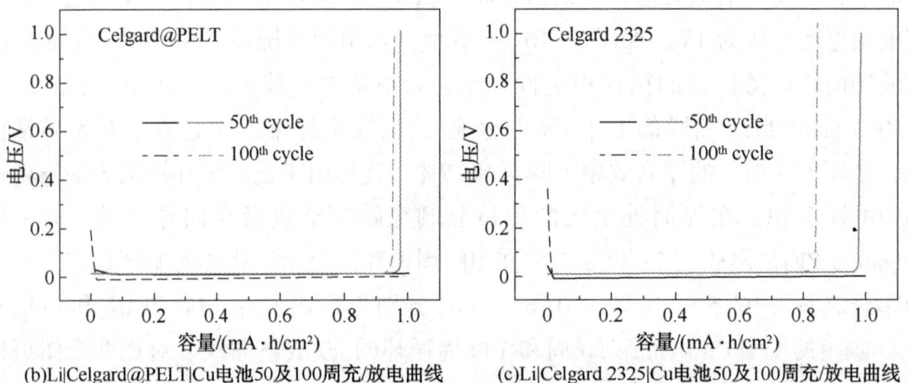

(b)Li|Celgard@PELT|Cu电池50及100周充/放电曲线　(c)Li|Celgard 2325|Cu电池50及100周充/放电曲线

图 7-10　Li || Cu 电池电化学性能

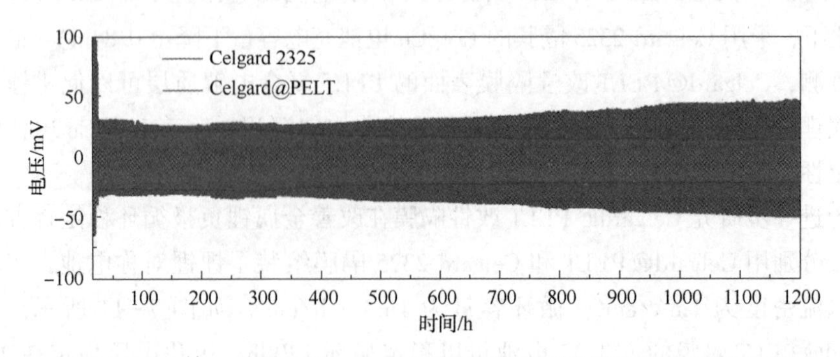

图 7-11　Li || Li 对称电池在 1mA/cm² 电流密度下的恒电流充/放电曲线

以 LFP 为正极，金属锂为负极，组装了 LFP || Li 电池以评估 Celgard@ PELT 改性隔膜在实际应用中的可行性。图 7-12(a)所示为电池在不同倍率的循环性能曲线。可以看出：在小电流密度下采用 Celgard 2325 隔膜和 Celgard@ PELT 改性隔膜电池的放电比容量基本一致，但在 5C 和 10C 的大电流密度下采用 Celgard@ PELT 的电池比 Celgard 2325 隔膜的电池放电比容量更高。这是由于 Celgard@ PELT 改性隔膜比 Celgard 2325 具备更高的电解液浸润性和锂离子迁移能力，提升了电池在大电流密度下的倍率性能。另外，采用 Celgard@ PELT 隔膜的电池在 1C 下稳定循环 500 周后，放电比容量为 131. 2mA · h/g，容量保持率为 93. 2%，平均库仑效率接近 100%[见图 7-12(b)]。其优异的循环稳定性归因于隔膜表面修饰的复合电解质层 PELT 可以对通过隔膜的 Li^+ 进行重新分布，诱导 Li^+ 均匀地沉积在金属锂表面，从而避免了锂枝晶生长。相比之下，采用 Celgard 2325 隔膜的电池在循环 220 周后放电容量开始下降，循环 435 周左右放电容量和库仑效率同时出现异常波动。说明此时可能由于电池在长循环过程中锂枝晶的不断生长，导致局部出现微短路，影响了电池的循环寿命。

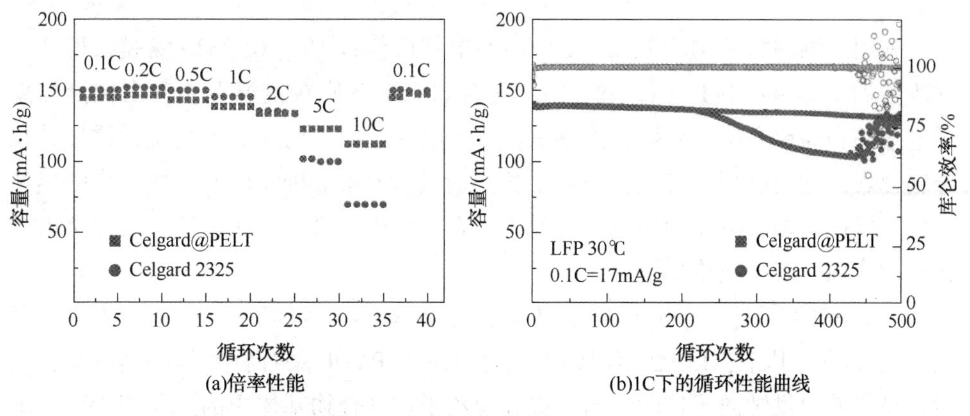

图 7-12 LFP || Li 电池的倍率性能及 1C 下的循环性能曲线

为研究电池循环后锂的沉积形貌，图 7-13(a)所示为 LFP | Celgard@ PELT | Li 电池循环后金属锂表面的 SEM 图。可以看出：金属锂负极表面平整，锂沉积相对致密，未出现锂枝晶；而采用 Celgard 2325 隔膜的电池循环 500 周后金属锂表面粉化严重，出现较大的裂纹，同时可以观察到有明显锂枝晶[见图 7-13(b)]。说明隔膜表面修饰的 PELT 复合电解质层具备固定阴离子和重新分布锂离子的协同作用，可以有效诱导锂离子均匀地沉积在金属锂表面，促进锂的均匀沉积，抑制锂枝晶生长，起到保护金属锂的作用。

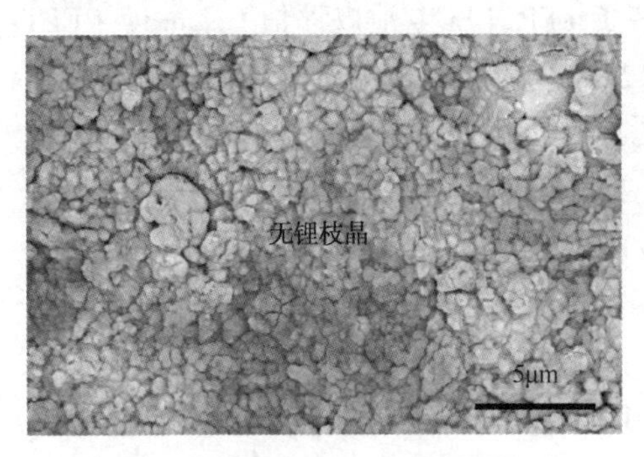

(a)LFP|Celgard@PELT|Li电池循环后
金属锂负极表面的SEM图

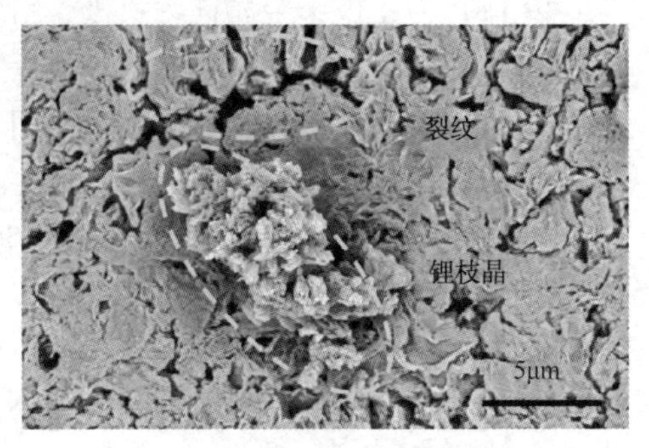

(b)LFP|Celgard 2325|Li电池循环后
金属锂负极表面的SEM图

图 7-13 LFP | Celgard@ PELT |Li 和
LFP | Celgard 2325 |Li 电池循环后金属锂负极表面的 SEM 图

7.3 本章小结

利用三维网状结构的 PELT 复合固态电解质修饰 Celgard 2325 隔膜，得到一种改性隔膜 Celgard@ PELT。该 PELT 复合固态电解质在室温下表现出优异的离子电导率和高锂离子迁移数，能够重新分布隔膜表面不均匀的锂离子，诱导其在金属锂表面均匀沉积，抑制锂枝晶生长。通过对 Celgard@ PELT 改性隔膜的热稳定性、机械性能及电化学性能等方面进行表征分析，研究其在保护金属锂负极中起到的作用。具体结论如下：

（1）PELT 复合固态电解质室温离子电导率为 5.74×10^{-5}S/cm，锂离子迁移数高达 0.74。其中，LLTO 填料的加入可以降低 PVDF 聚合物基体的结晶度，同时自身能够提供锂离子传输通道，提高锂离子在聚合物基体中的迁移能力。三维网状结构的 PELT 复合固态电解质层增加了改性隔膜对电解液的吸附，提高了改性隔膜的润湿性，表现出优异的电解液吸液能力。同时，PELT 复合固态电解质中耐高温的 LLTO 对改性隔膜的热稳定性和机械强度也有所改善。

（2）采用 Celgard@ PELT 改性隔膜组装的 Li || Cu 电池在 1mA/cm^{2}电流密度、1mA · h/cm^{2}循环容量的条件下循环 100 周后可保持 97.5%的库仑效率。Li || Li 对称电池可在 1200h 内稳定循环，极化电压稳定在 20mV 左右。证明了 PELT 复合固态电解质修饰层能够重新分布隔膜表面不均匀的锂离子，诱导其在金属锂表面均匀沉积，抑制锂枝晶生长，保护金属锂负极。

（3）与原始的 Celgard 2325 隔膜相比，采用 Celgard@ PELT 改性隔膜的 Li || $LiFePO_4$电池在大电流密度下表现出更加优异的倍率性能和循环寿命。该电池在 1C 的电流密度下能够稳定循环 500 周，放电比容量保持在 131.2mA・h/g，平均库仑效率接近 100%。这种利用 LLTO 复合电解质修饰隔膜保护金属锂负极的研究，拓展了 LLTO 基固态电解质的实际应用范围。

附录1 实验原料

试剂名称	化学式或缩写	规　　格
硝酸锂	$LiNO_3$	>99.9%
硝酸镧	$La(NO_3)_3 \cdot 6H_2O$	>99.9%
钛酸四丁酯	$Ti(OC_4H_9)_4$	>99.9%
无水柠檬酸	$C_6H_8O_7$	≥99.5%
冰醋酸	CH_3COOH	分析纯
乙二醇	$(CH_2OH)_2$	分析纯
N，N-二甲基甲酰胺	DMF	分析纯
丁二腈	SN	>99.9%
聚丙烯腈	PAN	>99.9% M_w ~ 150000
聚乙烯吡咯烷酮	PVP	>99.9% M_w ~ 1300000
双三氟甲基磺酰亚胺锂	$Li(CF_3SO_2)_2N$ (LiTFSI)	99.9%
氟代碳酸乙烯酯	FEC	电池纯
聚偏氟乙烯-六氟丙烯	PVDF-HFP	99.9%
聚偏氟乙烯	PVDF	分析纯
N-甲基吡咯烷酮	NMP	分析纯
磷酸铁锂材料	$LiFePO_4$	电池纯
锂离子电池商用电解液	EC/DMC/EMC(1∶1∶1，v%)	电池纯
导电炭黑	Super P	电池纯

续表

试剂名称	化学式或缩写	规　格
三元正极材料	$LiNi_{0.6}Co_{0.2}Mn_{0.2}O_2$ (NCM622)	电池纯
乙基纤维素	EC	分析纯
无水乙醇	CH_3CH_2OH	分析纯
导电银胶		LB01
铝箔	Al	电池纯
铜箔	Cu	电池纯
分子筛		4Å
高纯锂片	Li	分析纯
Celgard 隔膜	Celgard 2400 Celgard 2325	电池纯
电池壳 (包括弹片和垫片)		CR2025 CR2032

附录2 实验仪器及设备

设备名称	型　号	生产厂商
静电纺丝仪	SS-2535	北京永康乐业科技发展有限公司
热差重量分析仪(TGA)	TGA/DSC 3+	Mettler Toledo 瑞士万通公司
差示扫描量热仪(DSC)	Shimadzu DTG-60H	日本岛津公司
扫描电子显微镜(SEM)	Quanata 200f	美国 FEI 公司
马弗炉	SX-G04133	天津中环实验电炉有限公司
超声波清洗器	KQ-50B	昆山市超声仪器有限公司
行星式球磨机	XQM-1	长沙天创粉末技术有限公司
氩气气氛手套箱	Labmaster130	德国 MBRSUN 有限公司
电子天平密度测试组件	AL 104	Mettler Toledo 瑞士万通公司
傅里叶变换红外光谱仪	Nicolet iS50	Thermo Fisher Scientific 公司
高分辨场发射透射电子显微镜(TEM)	Tecnai G2 F20	美国 FEI 公司
X 射线衍射仪(XRD)	Rigaku UltimaⅣ-185	日本理学 Rigaku 公司
X 射线光电子能谱仪(XPS)	PHI Quantera-Ⅱ SXM	日本 ULVAC-PHI 公司
万能试验拉力机	Instron5567	Instron 公司
集热式恒温热磁力搅拌器	DF-101S	郑州长城科工贸有限公司
真空烘箱	DZF-6020	上海一恒科技有限公司
高低温交变试验箱	GDIS-70	北京巨孚仪器有限公司
电导电极	DDSJ-308A	上海雷磁仪器有限公司
电池封口机	MSK-110	深圳科晶智达科技有限公司
粉末压片机	YLJ-15T	合肥科晶材料技术有限公司
手动裁片机	SZ-50-14	深圳科晶智达科技有限公司

续表

设备名称	型　　号	生产厂商
电池恒温测试箱	SPX-150B	天津泰斯特仪器有限公司
高精度四探针电阻率测试仪	YAOS	苏州晶格电子有限公司
低电阻率测试仪	Loresta-GX MCP-T700	日本精工分析科技株式会社
电化学工作站	CHI600E	上海辰华仪器有限公司
	Autolab(PGSTAT 302N)	瑞士万通公司
蓝电电池测试系统	Land CT2001A	武汉金诺电子有限公司

附录3 测试与表征方法

1. 制备方法

（1）电极极片的制备

将正极电极材料、导电剂 Super P 和黏结剂 PVDF 按照 8∶1∶1 的质量比混合均匀，滴加适量的 NMP 溶剂，研磨成有一定流动性的浆料。将浆料均匀地刮涂在铝箔集流体上，置于 100℃ 的烘箱中真空干燥 24h，然后将烘干的极片裁成直径为 11mm 的圆形极片，用电子天平称取质量，转移至氩气气氛手套箱（$H_2O<1\times10^{-6}$，$O_2<1\times10^{-6}$）中备用。

（2）扣式电池的组装

在氩气气氛手套箱（$H_2O<1\times10^{-6}$，$O_2<1\times10^{-6}$）中依次将弹片、垫片、金属锂负极、隔膜（聚合物电解质膜或氧化物陶瓷片）放入负极电池壳中，随即放入正极极片，盖上正极电池壳后放入电池封口机中进行封装。装配好的电池需在室温下静置 1d，待电解质与电极充分接触后再进行各项电化学测试。

2. 材料表征方法

（1）X 射线衍射分析

X 射线衍射（X-ray diffraction，XRD）是通过入射的 X 射线光子与样品中原子的电子相互作用，利用 X 射线在晶体材料中的衍射效应，通过对衍射谱图的分析，可以获得材料的平均晶体结构性质，平均的晶胞结构参数变化、结晶度、结晶取向、超结构等信息。

采用日本理学公司 X 射线衍射仪（Rigaku Ultima Ⅳ-185）进行样品物相和结构的表征。该 X 射线衍射仪采用 Cu 靶 K α 射线作为射线源（波长 λ = 0.15418nm），测试时工作电压为 40kV，电流为 40mA，步长为 0.02°。为进一步确定材料的晶体结构信息，采用 TOPAS-Academic 软件用 Rietveld 全谱拟合法对样品进行精修计算。

(2) 扫描电子显微镜分析

扫描电子显微镜(Scanning Electron Microscope, SEM)作为一种材料表征中常见的重要工具，通过利用聚焦电子束轰击样品表面，入射电子透射样品后与样品中的原子相互作用，产生的二次电子和背散射电子信号成像来观察样品的表面形态，反映关于样品的表面形貌和粗糙程度的信息。

本文中材料的SEM表征由FEI公司的Quanata 200f进行测试，同时匹配能量色散X射线光谱(Energy Dispersive Spectrometer, EDS)用于分析材料表面的元素分布情况。对于表面导电性较差的样品，测试前需喷金增强导电性。

(3) 透射电子显微镜分析

样品的微观形貌还可以通过透射电子显微镜(Transmission Electron Microscopy, TEM)来表征。TEM的成像过程为电子束从透射电子枪中射出，经过加速和光学系统聚焦后透过样品，由于电子束在样品不同位置的透过率不同，从而形成明暗不同的影像。其中，高分辨率透射电子显微镜(HRTEM)可将材料的晶面间距通过明暗条纹表现出来，通过测量晶面间距，与晶体材料的标准PDF卡片数据进行对比，进而确定其对应的晶面。

本文采用FEI公司的Tecnai G2 F20透射电子显微镜对固态电解质材料的微观形貌进行表征。样品制备过程如下：将一定量的固态电解质粉末样品置于乙醇溶液中，超声分散15~20min后，取适量的悬浮液滴在铜网微栅上，待乙醇挥发后进行测试。

(4) 傅里叶变换红外光谱分析

傅里叶变换红外光谱(Fourier Transform Infrared Spectroscopy, FTIR)主要用于有机及高分子化合物的鉴定和确定物质分子结构的表征。当光谱仪发射一定范围波长的红外光通过样品，材料分子中某个官能团的振(转)动频率和特定波长的红外光一致时，分子吸收红外辐射后由原来的基态振(转)动能级跃迁到激发态振(转)动能级，该处波长的光被物质吸收，形成分子吸收光谱。

采用Thermo Fisher Scientific公司的Nicolet iS50(Thermo Fisher Scientific)全反射红外光谱仪，选择中红外区，即基本振动区，波数范围为400~4000cm^{-1}，测定分子振动和伴随振动，分析样品的分子结构和分子间作用力。

(5) X射线光电子能谱分析

X射线光电子能谱仪(X-ray Photoelectron Spectroscopy, XPS)可以测定材料表面的组成元素及其化学状态信息，能量分辨率较高，具有微米尺度的空间分辨率及分钟级时间分辨率。通过XPS峰强度、散射截面积和元素的灵敏度因子，可以得到样品表面的元素组成及价态。

采用日本ULVAC-PHI公司的X射线光电子能谱仪(PHI Quantera-Ⅱ SXM)分析电解质或电极材料表面的元素化学状态信息。

(6) 热力学表征

热力学表征是指描述物质的性质与温度或时间关系的一类表征技术手段，本文采用热重分析法(Thermogravimetric Analysis，TGA)和差示扫描量热分析法(Differential Scanning Calorimetry，DSC)两种。热重分析法是在特定气氛下，通过分析样品在一定的升温程序中发生的质量随温度或时间的变化过程，测量样品的热分解温度、失重比例、分解速率等相关信息。差示扫描量热分析是在程序控制温度条件下，测量输入给样品与参比物的热流功率差与温度关系的一种热分析方法，以此测量样品在温度程序过程中的吸热、放热、比热变化等相关热效应信息，计算特征温度(相转变温度、玻璃化转变温度)和吸/放热量(热焓)等参数。

采用Mettler Toledo公司TGA/DSC 3^+分析仪对电解质进行TGA热稳定分析，测试采用空气气氛，空气流量为10mL/min，升温速率为10℃/min。采用Shimadzu DTG-60H分析仪测量样品的相变温度和玻璃化转变温度，测试采用氮气气氛，氮气流量为10mL/min，升温速率为10℃/min。

(7) 力学性能表征

采用Instron公司的Instron5567万能试验拉力机对复合固态电解质膜样品进行力学性能测试，依照GB/T 13022—1991《塑料　薄膜拉伸性能试验方法》中的规定，将样品膜裁成20mm×100mm的矩形长条进行测试，在常温下以10mm/min的拉伸速率对聚合物电解质膜的拉伸强度和断裂伸长率进行测试。

3. 电化学性能测试方法

(1) 交流阻抗测试

交流阻抗技术(Electrochemical Impefence Spectroscopy，EIS)在电化学测量的各种暂态技术方法中可以获取界面状态、电解质的动态性质和电极过程动力学的全面信息。本文采用交流阻抗法测量氧化物陶瓷电解质、聚合物复合电解质膜和液体电解质在不同温度范围内的电阻，通过等效电路拟合，得到等效电路中各个元件的数值，通过得到的电阻值计算出电解质材料的离子电导率。通过高低温(湿热)交变试验箱来控制温湿度。对于氧化物陶瓷电解质和电解液样品，需调节温度至指定温度点并至少保温30min后进行测试，使得样品温度和环境温度保持一致。对于聚合物复合电解质膜，由于其热稳定平衡较慢，每个温度测试点需至少恒温2h后再开始测试。

① 氧化物陶瓷电解质

将压片烧结后的氧化物陶瓷电解质两个表面依次用600目、1200目和2000目砂纸磨平、抛光后，用乙醇超声清洗表面，使陶瓷片表面平整干净，没有缺损。在陶瓷片表面涂抹高温导电银胶，保证银胶平整均匀，陶瓷片侧面为避免有导电银胶附着导致短路，可用砂纸轻轻打磨陶瓷片边缘处。将这种以银电极作为离子阻塞电极的“三明治”结构阻塞电池连接在电化学工作站的夹具上，并保证每次测试均夹在相同位置上。用数显测厚仪测量陶瓷片的厚度 L，游标卡尺测量陶瓷片的直径 D，计算得到电解质陶瓷片的有效面积 S。高频下电解质的阻抗信息采用瑞士万通公司的 Autolab(PGSTAT 302N)电化学测试系统中的频率响应技术(Frequency Response Analyzer，FRA)测试电极的交流阻抗谱，频率为 10Hz 至 10MHz，电压振幅为 10mV。对于氧化物陶瓷电解质，根据式(1)计算其电导率：

$$\sigma=\frac{L}{R\times S} \tag{1}$$

式中：R 为电解质样品的阻抗；L 为测厚仪测得的电解质样品的厚度；S 为电解质样品的有效面积。

② 聚合物复合电解质膜

以不锈钢片为阻塞电极，两侧加弹簧片，将冲裁成圆片的聚合物膜夹在中间，组装成“三明治”结构的扣式电池进行测试。其中聚合物膜冲裁的直径应大于不锈钢片，因而根据式(1)计算时 S 为不锈钢片的面积。

聚合物电解质的阻抗信息采用瑞士万通公司的 Autolab(PGSTAT 302N)电化学测试系统中的频率响应技术(Frequency Response Analyzer，FRA)测试电极的交流阻抗谱，频率为 10Hz 至 1MHz，电压振幅为 10mV。对于聚合物复合电解质膜的电导率，同样根据式(1)进行计算。

③ 电解液

电解液离子电导率测试是直接通过电导电极实现的。在氩气气氛手套箱中将适量电解液添加于玻璃管内，保证液面没过电导电极的极片，并用凡士林和封口胶在接口处完全密封，最终完成测试电池的组装。组装完成后将电导电极的两个接线和电化学工作站相接即可进行测试。采用瑞士万通公司的 Autolab(PGSTAT 302N)电化学测试系统中的频率响应技术测试电解液的交流阻抗谱，频率为 10Hz 至 1MHz，电压振幅为 10mV。对于电解液的电导率，根据式(2)计算：

$$\sigma=\frac{K}{R_b} \tag{2}$$

式中：K 为电极电导常数；R_b为电解液的本体电阻。

(2)电子电导率测试

对于电解质粉末材料，采用直流四探针法进行电子电导率测试。将粉末样品放在压片模具中施加一定的压力，制成致密的圆片，采用日本精工分析科技株式会社的 Loresta-GX MCP-T700 低电阻测试仪测定其电导率。

对于陶瓷固态电解质片及聚合物电解质膜则采用离子阻塞电极直流极化法进行测试。根据欧姆定律 $R=U/I$，通过测量样品的稳态时得到的电流值和电压降计算样品电阻，进而由样品的几何尺寸计算电子电导率。对于陶瓷固态电解质片选用银电极作为阻塞电极，聚合物电解质膜选用抛光的不锈钢片作为阻塞电极，电极构筑方式和操作流程与 2.2.2.1 离子电导率测试相同。组装成“三明治”结构对称电池后，在电极两端施加一定的极化电压，记录最终达到的稳定的电子电流，根据式(3)计算电子电导率：

$$\gamma=\frac{I_{ss}\cdot L}{U\cdot S} \tag{3}$$

式中：U 为极化电压；I_{ss}为稳态电流；L 为测厚仪测得的电解质样品的厚度；S 为电解质样品的面积。

(3) 循环伏安和线性扫描伏安测试

采用循环伏安(CV)和线性扫描伏安(LSV)法测量固态电解质的氧化分解电压。对于锂离子固态电解质，分解电压决定了此材料应用于电池时能够承受的最高电压，是衡量电解质材料性能的重要参数之一。固态电解质的电化学窗口使用瑞士万通公司 Autolab(PGSTAT 302N)电化学工作站电化学测试系统中的 Linear sweep voltammetry potentiostastic(线性扫描伏安法)程序在 Hebb-Wagner 电池构型中进行测试，不锈钢惰性电极作为工作电极，锂金属片作为参比电极和对电极。

(4) 锂离子迁移数测试

采用上海辰华仪器有限公司的 CHI600E 电化学工作站，通过恒电位直流极化法和交流阻抗法结合测试电解质的锂离子迁移数。在氩气气氛手套箱中将固态电解质夹在两片锂金属片之间组装锂锂对称扣式电池。室温下对电池进行 EIS 测试，测试频率为 $10^{-2}\sim10^{6}$Hz，电压振幅为 5mV，得到电解质的初始界面电阻为 R_0。随后对锂锂对称电池进行恒电位直流极化测试，电池两端施加 $\Delta V=10\sim50$mV 的极化电压，记录电流的变化曲线，施压瞬时产生的电流为 I_0，随着时间延长，极化电流逐渐下降，直至变为一个相对稳定的值，此时的稳态电流记为 I_{ss}，这时再次对测试电池进行交流阻抗法测试，频率为 $10^{-2}\sim10^{6}$ Hz，偏压为

5mV，记录电解质极化后的稳态界面电阻为 R_{ss}。根据 Bruce 和 Vincent 的修正式(4)计算固态电解质的锂离子迁移数 t_{Li^+}。

$$t_{Li^+}=\frac{I_{ss}(\Delta V-I_0R_0)}{I_0(\Delta V-I_{ss}R_{ss})} \tag{4}$$

(5) 恒电流充/放电测试

恒电流充/放电测试是检测电池性能的主要测试技术之一，其基本工作原理是在恒定的电流下对被测电极进行充/放电测试，记录其电位-时间曲线，以此可以得到电极材料的充/放电曲线、充/放电比容量、倍率特性、开路电位、极化电位、库仑效率等电池性能的基本参数，通过这些参数可以进一步评价电解质样品与电极材料相容性。采用武汉金诺电子有限公司的 Land CT2001A 测试系统进行恒电流充/放电测试，所有的电位均为相对于金属锂电极，测试环境温度由恒温测试箱控制。

[1] 赵良，白建华，辛颂旭，等. 中国可再生能源发展路径研究[J]. 中国电力，2016，49(1)：178-184.

[2] 中国工程科技发展战略研究院. 中国战略性新兴产业发展报告. 2020[M]. 北京：科学出版社，2019：11

[3] Chu S，Majumdar A. Opportunities and Challenges for A Sustainable Energy Future[J]. Nature，2012，488(7411)：294-303.

[4] 李泓，吕迎春. 电化学储能基本问题综述[J]. 电化学，2015，21(5)：412-424.

[5] 许守平，李相俊，惠东. 大规模电化学储能系统发展现状及示范应用综述[J]. 电力建设，2013，34(7)：73-80.

[6] 张云天. 电化学储能在电动汽车中的应用分析[J]. 科技资讯，2017，15(14)：19-20.

[7] 彭华. 中国新能源汽车产业发展及空间布局研究[D]. 长春：吉林大学，2019：27-30.

[8] Lin D，Liu Y，Cui Y. Reviving the Lithium Metal Anode for High-energy Batteries[J]. Nature Nanotechnology，2017，12(3)：194-206.

[9] 侯前进. 化学电源的演变历程[J]. 课程教育研究，2014(24)：212.

[10] Whittingham M S. Ultimate Limits to Intercalation Reactions for Lithium Batteries[J]. Chemical Reviews，2014，114(23)：11414-11443.

[11] Mizushima K，Jones P C，Wiseman P J，et al. $Li_xCoO_2(0<x<1)$：A New Cathode Material for Batteries of High Energy Density[J]. Materials Research Bulletin，1980，15(6)：783-789.

[12] Winter M，Brodd R J. What Are Batteries，Fuel Cells，and Supercapacitors?[J]. Chemical Reviews，2004，(104)：4245-4269.

[13] 吴宇平，袁翔云，董超，等. 锂离子电池——应用与实践[M]. 2版. 北京：化学工业出版社，2011：270-272.

[14] 郭炳焜，李新海，杨松青. 化学电源—电池原理及制造技术[M]. 长沙：中南大学出版社，2009：37-41.

[15] Patil A，Patil V，Wook Shin D，et al. Issue and Challenges Facing Rechargeable Thin Film Lithium Batteries[J]. Materials Research Bulletin，2008，43(8)：1913-1942.

[16] 李荻. 电化学原理[M]. 3 版. 北京：北京航空航天大学出版社，2008：26.

[17] Dunn B，Kamath H，Tarascon J M. Electrical Energy Storage for the Grid：A Battery of Choices[J]. Science，2011，334(6058)：928-935.

[18] 李泓，许晓雄. 固态锂电池研发愿景和策略[J]. 储能科学与技术，2016(5)：607-614.

[19] Tarascon J M，Armand M. Issues and Challenges Facing Rechargeable Lithium Batteries[J]. Nature，2001，414：359-367.

[20] Quartarone E，Mustarelli P. Electrolytes for Solid-State Lithium Rechargeable Batteries：Recent Advances and Perspectives[J]. Chemical Society Reviews，2011，40(5)：2525-2540.

[21] 李杨，丁飞，桑林，等. 全固态锂离子电池关键材料研究进展[J]. 储能科学与技术，2016(5)：615-626.

[22] 张波，崔光磊，刘志宏，等. 无机固态锂电池专利分析[J]. 储能科学与技术，2017(2)：307-315.

[23] Manthiram A，Yu X，Wang S. Lithium Battery Chemistries Enabled by Solid-State Electrolytes[J]. Nature Reviews Materials，2017，2(4)：16103.

[24] Sun C，Liu J，Gong Y，et al. Recent Advances in All-Solid-State Rechargeable Lithium Batteries[J]. Nano Energy，2017，33：363-386.

[25] Wolfenstine J，Allen J L，Sakamoto J，et al. Mechanical Behavior of Li-Ion-Conducting Crystalline Oxide-Based Solid Electrolytes：A Brief Review[J]. Ionics，2018，24：1271-1276.

[26] Chen R，Qu W，Guo X，et al. The Pursuit of Solid-State Electrolytes for Lithium Batteries：From Comprehensive Insight to Emerging Horizons[J]. Materials Horizons，2016，3(6)：487-516.

[27] 吴剑芳，郭新. 固态锂离子传导氧化物中的点缺陷[J]. 储能科学与技术，2016(5)：745-753.

[28] Wang D，Zhong G，Li Y，et al. Enhanced Ionic Conductivity of $Li_{3.5}Si_{0.5}P_{0.5}O_4$ with Addition of Lithium Borate[J]. Solid State Ionics，2015，283：109-114.

[29] Giarola M，Sanson A，Tietz F，et al. Structure and Vibrational Dynamics of Nasicon-Type $LiTi_2(PO_4)_3$[J]. Journal of Physical Chemistry C，2017，121：3697.

[30] Catti M，Stramare S，Ibberson R. Lithium Location in Nasicon-Type Li^+ Conductors by Neutron Diffraction. I. Triclinic α'-$LiZr_2(PO_4)_3$[J]. Solid State Ionics，1999，123：173.

[31] Arbi K，Mandal S，Rojo J M，et al. Dependence of Ionic Conductivity on Composition of Fast Ionic Conductors $Li_{1+x}Ti_{2-x}Al_x(PO_4)_3$，$0 \leqslant x \leqslant 0.7$. A Parallel NMR and Electric Impedance Study[J]. Chemistry of Materials，2002，14(3)：1091-1097.

[32] Goodenough J B, Hong H Y, Kafalas J A. Fast Na^+-Ion Transport in Skeleton Structures[J]. Materials Research Bulletin, 1976, 11(2): 203-220.

[33] Mariappan C R, Yada C, Rosciano F, et al. Correlation Between Micro-Structural Properties and Ionic Conductivity of $Li_{1.5}Al_{0.5}Ge_{1.5}(PO_4)_3$ Ceramics[J]. Journal of Power Sources, 2011, 196(15): 6456-6464.

[34] Kumar B, Thomas D, Kumar J. Space-Charge-Mediated Superionic Transport in Lithium Ion Conducting Glass-Ceramics[J]. Journal of The Electrochemical Society, 2009, 156(7): A506-A513.

[35] Xiao W, Wang J, Fan L, et al. Recent Advances in $Li_{1+x}Al_xTi_{2-x}(PO_4)_3$ Solid-State Electrolyte for Safe Lithium Batteries[J]. Energy Storage Materials, 2019, 19: 379-400.

[36] Aono H, Sugimoto E, Sadaoka Y, et al. Ionic Conductivity of Solid Electrolytes Based on Lithium Titanium Phosphate[J]. Journal of the Electrochemical Society, 1990, 137(4): 1023-1027.

[37] Aono H, Sugimoto E, Sadaoka Y, et al. Electrical Properties and Sinterability for Lithium Germanium Phosphate $Li_{1+x}M_xGe_{2-x}(PO_4)_3$, M = Al, Cr, Ga, Fe, Sc, and in Systems[J]. Bulletin of the Chemical Society of Japan, 1992, 65(8): 2200-2204.

[38] Aono H, Sugimoto E, Sadaoka Y, et al. Electrical Property and Sinterability of $LiTi_2(PO_4)_3$ Mixed with Lithium Salt(Li_3PO_4 or Li_3BO_3)[J]. Solid State Ionics, 1991, 47: 257-264.

[39] Kobayashi Y, Tabuchi M, Nakamura O. Ionic Conductivity Enhancement in $LiTi_2(PO_4)_3$-Based Composite Electrolyte by the Addition of Lithium Nitrate[J]. Journal of Power Sources, 1997, 68: 407-411.

[40] Xiong L, Ren Z, Xu Y, et al. LiF Assisted Synthesis of $LiTi_2(PO_4)_3$ Solid Electrolyte with Enhanced Ionic Conductivity[J]. Solid State Ionics, 2017, 309: 22-26.

[41] Fu J. Superionic Conductivity of Glass-Ceramics in the System $Li_2O-Al_2O_3-TiO_2-P_2O_5$[J]. Solid State Ionics, 1997, 96(3-4): 195-200.

[42] Fu J. Fast Li^+ Ion Conducting Glass-Ceramics in the System $Li_2O-Al_2O_3-GeO_2-P_2O_5$[J]. Solid State Ionics, 1997, 104(3-4): 191-194.

[43] Yu X, Bi Z, Zhao F, et al. Polysulfide-Shuttle Control in Lithium-Sulfur Batteries with a Chemically/Electrochemically Compatible NASICON-Type Solid Electrolyte[J]. Advanced Energy Materials, 2016, 6(24): 1601392.

[44] Hartmann P, Leichtweiss T, Busche M R, et al. Degradation of NASICON-Type Materials in Contact with Lithium Metal: Formation of Mixed Conducting Interphases (MCI) on Solid Electrolytes[J]. The Journal of Physical Chemistry C, 2013, 117(41): 21064-21074.

[45] Liu Y, Sun Q, Zhao Y, et al. Stabilizing the Interface of NASICON Solid Electrolyte against Li

Metal with Atomic Layer Deposition[J]. ACS Applied Materials & Interfaces, 2018, 10(37): 31240-31248.

[46] Thangadurai V, Weppner W. Recent Progress in Solid Oxide and Lithium Ion Conducting Electrolytes Research[J]. Ionics, 2006, 12(1): 81-92.

[47] Brous J, Fankuchen I, Banks E. Rare Earth Titanates with A Perovskite Structure[J]. Acta Crystallographica, 1953, 6(1): 67-70.

[48] Inaguma Y, Liquan C, Itoh M, et al. High Ionic Conductivity in Lithium Lanthanum Titanate [J]. Solid State Communications, 1993, 86(10): 689-693.

[49] Knauth P. Inorganic Solid Li Ion Conductors: An Overview[J]. Solid State Ionics, 2009, 180 (14-16): 911-916.

[50] Sun Y, Guan P, Liu Y, et al. Recent Progress in Lithium Lanthanum Titanate Electrolyte towards All Solid-State Lithium Ion Secondary Battery[J]. Critical Reviews in Solid State and Materials Sciences, 2018: 1-18.

[51] Le H T T, Ngo D T, Kim Y, et al. A Perovskite-Structured Aluminium-Substituted Lithium Lanthanum Titanate as A Potential Artificial Solid - Electrolyte Interface for Aqueous Rechargeable Lithium-Metal-Based Batteries[J]. Electrochimica Acta, 2017, 248: 232-242.

[52] Sutorik A C, Green M D, Cooper C, et al. The Comparative Influences of Structural Ordering, Grain Size, Li-Content, and Bulk Density on The Li^+-Conductivity of $Li_{0.29}La_{0.57}TiO_3$[J]. Journal of Materials Science, 2012, 47(19): 6992-7002.

[53] Stramare S, Thangadurai V, Weppner W. Lithium Lanthanum Titanates: A Review[J]. Chemistry of Materials, 2003, 15(21): 3974-3990.

[54] Thangadurai V, Narayanan S, Pinzaru D. Garnet-Type Solid-State Fast Li Ion Conductors for Li Batteries: Critical Review[J]. Chemical Society Reviews, 2014, 43(13): 4714-4727.

[55] Thangadurai V, Weppner W. $Li_6La_2Ta_2O_{12}$(A=Sr, Ba): Novel Garnet-Like Oxides for Fast Lithium Ion Conduction[J]. Advanced Functional Materials, 2005, 15(1): 107-112.

[56] Samson A J, Hofstetter K, Bag S, et al. A Bird's-Eye View of Li-Stuffed Garnet-Type $Li_7La_3Zr_2O_{12}$ Ceramic Electrolytes for Advanced All-Solid-State Li Batteries[J]. Energy & Environmental Science, 2019, 12(10): 2957-2975.

[57] Wang D, Zhong G, Pang W K, et al. Toward Understanding the Lithium Transport Mechanism in Garnet-type Solid Electrolytes: Li^+ Ion Exchanges and Their Mobility at Octahedral/Tetrahedral Sites[J]. Chemistry of Materials, 2015, 27(19): 6650-6659.

[58] 黄晓. 石榴石结构锂离子固体电解质的烧结和优化[D]. 上海：中国科学院大学(中国科学院上海硅酸盐研究所), 2018: 54-59.

[59] Yang T, Li Y, Wu W, et al. The Synergistic Effect of Dual Substitution of Al and Sb on Structure and Ionic Conductivity of $Li_7La_3Zr_2O_{12}$ Ceramic[J]. Ceramics International, 2018, 44(2): 1538-1544.

[60] Kumazaki S, Iriyama Y, Kim K H, et al. High Lithium Ion Conductive $Li_7La_3Zr_2O_{12}$ by Inclusion of Both Al and Si[J]. Electrochemistry Communications, 2011, 13(5): 509-512.

[61] Kotobuki M, Kanamura K, Sato Y, et al. Fabrication of All-Solid-State Lithium Battery with Lithium Metal Anode Using Al_2O_3-added $Li_7La_3Zr_2O_{12}$ Solid Electrolyte[J]. Journal of Power Sources, 2011, 196(18): 7750-7754.

[62] Yu S, Schmidt R D, Garcia-Mendez R, et al. Elastic Properties of the Solid Electrolyte $Li_7La_3Zr_2O_{12}$(LLZO)[J]. Chemistry of Materials, 2016, 28(1): 197-206.

[63] Gao Z, Sun H, Fu L, et al. Promises, Challenges, and Recent Progress of Inorganic Solid-State Electrolytes for All-Solid-State Lithium Batteries[J]. Advanced Materials, 2018, 30(17): 1705702.

[64] Tachez M, Malugani J, Mercier R, et al. Ionic Conductivity of And Phase Transition in Lithium Thiophosphate Li_3PS_4[J]. Solid State Ionics, 1984, 14(3): 181-185.

[65] 孙滢智，黄佳琦，张学强，等. 基于硫化物固态电解质的固态锂硫电池研究进展[J]. 储能科学与技术，2017，6(3)：464-478.

[66] Kanno R, Murayama M. Lithium Ionic Conductor Thio-LISICON: The $Li_2S-GeS_2-P_2S_5$ System[J]. Journal of The Electrochemical Society, 2001, 148(7): A742.

[67] Kamaya N, Homma K, Yamakawa Y, et al. A Lithium Superionic Conductor[J]. Nature Materials, 2011, 10(9): 682-686.

[68] Tatsumisago M, Nagao M, Hayashi A. Recent Development of Sulfide Solid Electrolytes and Interfacial Modification for All-Solid-State Rechargeable Lithium Batteries[J]. Journal of Asian Ceramic Societies, 2013, 1(1): 17-25.

[69] Hayashi A, Hama S, Morimoto H, et al. Preparation of $Li_2S-P_2S_5$ Amorphous Solid Electrolytes by Mechanical Milling[J]. Journal of the American Ceramic Society, 2001, 84(2): 477-479.

[70] Zhang Z, Zhang L, Yan X, et al. All-In-One Improvement Toward Li_6PS_5Br-Based Solid Electrolytes Triggered by Compositional Tune[J]. Journal of Power Sources, 2019, 410-411: 162-170.

[71] Ohtomo T, Hayashi A, Tatsumisago M, et al. All-Solid-State Lithium Secondary Batteries Using the $75Li_2S \cdot 25P_2S_5$ Glass and The $70Li_2S \cdot 30P_2S_5$ Glass-Ceramic as Solid Electrolytes[J]. Journal of Power Sources, 2013, 233: 231-235.

[72] Zhang Q, Cao D, Ma Y, et al. Sulfide-Based Solid-State Electrolytes: Synthesis, Stability,

and Potential for All - Solid - State Batteries [J]. Advanced Materials, 2019, 31(44): 1901131.

[73] 吴敬华，姚霞银. 基于硫化物固体电解质全固态锂电池界面特性研究进展[J]. 储能科学与技术，2020，9(2)：501-514.

[74] 杜奥冰，柴敬超，张建军，等. 锂电池用全固态聚合物电解质的研究进展[J]. 储能科学与技术，2016(5)：627-648.

[75] Zhou D, Shanmukaraj D, Tkacheva A, et al. Polymer Electrolytes for Lithium-Based Batteries: Advances and Prospects[J]. Chem, 2019, 5(9): 2326-2352.

[76] Wright P V. Electrical Conductivity in Ionic Complexes of Poly(ethylene oxide)[J]. British Polymer Journal, 1975, 7(5): 319-327.

[77] 许晓雄，李泓. 为全固态锂电池“正名”[J]. 储能科学与技术，2018(1)：1-7.

[78] Xue Z, He D, Xie X. Poly(ethylene oxide)-Based Electrolytes for Lithium-Ion Batteries[J]. Journal of Materials Chemistry A, 2015, 3(38): 19218-19253.

[79] Zhang Q, Liu K, Ding F, et al. Recent Advances in Solid Polymer Electrolytes for Lithium Batteries[J]. Nano Research, 2017, 10(12): 4139-4174.

[80] Fiory F S, Croce F, D'Epifanio A, et al. PEO Based Polymer Electrolyte Lithium-Ion Battery [J]. Journal of the European Ceramic Society, 2004, 24(6): 1385-1387.

[81] Watanabe M, Kanba M, Nagaoka K, et al. Ionic Conductivity of Hybrid Films Composed of Polyacrylonitrile, Ethylene Carbonate, and $LiClO_4$[J]. Journal of Polymer Science, 1983, 21(6): 939-948.

[82] Abraham K M, Alamgir M. Li^+ - Conductive Solid Polymer Electrolytes with Liquid - Like Conductivity[J]. Journal of the Electrochemical Society, 1990, 137(5): 1657-1658.

[83] T Subramaniam R, Ng H M. An Investigation on PAN-PVC-LiTFSI Based Polymer Electrolytes System[J]. Solid State Ionics, 2011, 192: 2-5.

[84] Jiang Z, Carroll B, Abraham K M. Studies of Some Poly(vinylidene fluoride) Electrolytes[J]. Electrochimica Acta, 1997, 42(17): 2667-2677.

[85] Du Pasquier A, Zheng T, Amatucci G G, et al. Microstructure Effects in Plasticized Electrodes Based on PVDF-HFP for Plastic Li-ion Batteries[J]. Journal of Power Sources, 2001, 97: 758-761.

[86] Dai J, Yang C, Wang C, et al. Interface Engineering for Garnet-Based Solid-State Lithium-Metal Batteries: Materials, Structures, and Characterization[J]. Advanced Materials, 2018, 30(48): 1802068.

[87] Zhou W, Wang S, Li Y, et al. Plating a Dendrite - Free Lithium Anode with a Polymer/Ceramic/Polymer Sandwich Electrolyte[J]. Journal of the American Chemical Society, 2016,

138(30): 9385-9388.

[88] Kobayashi Y, Miyashiro H, Takeuchi T, et al. All-Solid-State Lithium Secondary Battery with Ceramic/Polymer Composite Electrolyte[J]. Solid State Ionics, 2002, 152: 137-142.

[89] Wang Q, Wen Z, Jin J, et al. A Gel-Ceramic Multi-Layer Electrolyte for Long-Life Lithium Sulfur Batteries[J]. Chemical Communications, 2016, 52(8): 1637-1640.

[90] Li Y, Xu B, Xu H, et al. Hybrid Polymer/Garnet Electrolyte with a Small Interfacial Resistance for Lithium-Ion Batteries[J]. Angewandte Chemie International Edition, 2017, 56(3): 753-756.

[91] Duan H, Yin Y, Shi Y, et al. Dendrite-Free Li-Metal Battery Enabled by a Thin Asymmetric Solid Electrolyte with Engineered Layers[J]. Journal of the American Chemical Society, 2018, 140(1): 82-85.

[92] Yarmolenko O V, Yudina A V, Khatmullina K G. Nanocomposite Polymer Electrolytes for the Lithium Power Sources(A Review)[J]. Russian Journal of Electrochemistry, 2018, 54(4): 325-343.

[93] Suriyakumar S, Kalarikkal N, Stephen A M, et al. Highly Lithium Ion Conductive, Al_2O_3 Decorated Electrospun P(VDF-TrFE) Membranes for Lithium Ion Battery Separators[J]. New Journal of Chemistry, 2018, 42(24): 1952-1955.

[94] Masoud E M, El-Bellihi A A, Bayoumy W A, et al. Organic-Inorganic Composite Polymer Electrolyte Based on PEO-$LiClO_4$ and Nano-Al_2O_3 Filler for Lithium Polymer Batteries: Dielectric and Transport Properties[J]. Journal of Alloys and Compounds, 2013, 575: 223-228.

[95] Hema M, Tamilselvi P. Lithium Ion Conducting PVA: PVdF Polymer Electrolytes Doped with Nano SiO_2 and TiO_2 Filler[J]. Journal of Physics and Chemistry of Solids, 2016, 96-97: 42-48.

[96] Lin D, Liu W, Liu Y, et al. High Ionic Conductivity of Composite Solid Polymer Electrolyte via In Situ Synthesis of Monodispersed SiO_2 Nanospheres in Poly(ethylene oxide)[J]. Nano Letters, 2015, 16(1): 459-465.

[97] Kumar B, Scanlon L G, Spry R J. On the Origin of Conductivity Enhancement in Polymer-Ceramic Composite Electrolytes[J]. Journal of Power Sources, 2001, 96(2): 337-342.

[98] Tang C, Hackenberg K, Fu Q, et al. High Ion Conducting Polymer Nanocomposite Electrolytes Using Hybrid Nanofillers[J]. Nano Letters, 2012, 12(3): 1152-1156.

[99] Lin Y, Wang X, Liu J, et al. Natural Halloysite Nano-Clay Electrolyte for Advanced All-Solid-State Lithium-Sulfur Batteries[J]. Nano Energy, 2017, 31: 478-485.

[100] Jung Y, Park M, Doh C, et al. Organic-Inorganic Hybrid Solid Electrolytes for Solid-State

Lithium Cells Operating at Room Temperature[J]. Electrochimica Acta, 2016, 218: 271-277.

[101] 赵宁，李忆秋，张静娴，等. 纳米锂镧锆钽氧粉体复合聚氧化乙烯制备的固态电解质电化学性能的研究[J]. 储能科学与技术，2016(5)：754-761.

[102] He Z, Chen L, Zhang B, et al. Flexible Poly(ethylene carbonate)/Garnet Composite Solid Electrolyte Reinforced by Poly(vinylidene fluoride-hexafluoropropylene) for Lithium Metal Batteries[J]. Journal of Power Sources, 2018, 392: 232-238.

[103] Chen R, Zhang Y, Liu T, et al. Addressing the Interface Issues in All-Solid-State Bulk-Type Lithium Ion Battery via an All-Composite Approach[J]. ACS Applied Materials & Interfaces, 2017, 9(11): 9654-9661.

[104] Liang Y, Ji L, Guo B, et al. Preparation and Electrochemical Characterization of Ionic-Conducting Lithium Lanthanum Titanate Oxide/Polyacrylonitrile Submicron Composite Fiber-Based Lithium-Ion Battery Separators[J]. Journal of Power Sources, 2011, 196(1): 436-441.

[105] Liu W, Milcarek R J, Falkenstein-Smith R L, et al. Interfacial Impedance Studies of Multilayer Structured Electrolyte Fabricated with Solvent-Casted $PEO_{10}-LiN(CF_3SO_2)_2$ and Ceramic $Li_{1.3}Al_{0.3}Ti_{1.7}(PO_4)_3$ and Its Application in All-Solid-State Lithium Ion Batteries[J]. Journal of Electrochemical Energy Conversion and Storage, 2016, 13(2): 0210008-02100014.

[106] Lee S S, Lim Y J, Kim H W, et al. Electrochemical Properties of a Ceramic-Polymer-Composite-Solid Electrolyte for Li-ion Batteries[J]. Solid State Ionics, 2016, 284: 20-24.

[107] Li D, Chen L, Wang T, et al. 3D Fiber-Network-Reinforced Bicontinuous Composite Solid Electrolyte for Dendrite-free Lithium Metal Batteries[J]. ACS Applied Materials & Interfaces, 2018, 10(8): 7069-7078.

[108] Skaarup S, West K, Zachauchristiansen B. Mixed Phase Solid Elecrolytes[J]. Solid State Ionics, 1988, 28(2): 975-978.

[109] Manuel Stephan A, Nahm K S. Review on Composite Polymer Electrolytes for Lithium Batteries[J]. Polymer, 2006, 47(16): 5952-5964.

[110] Liu Z, Fu W, Payzant E A, et al. Anomalous High Ionic Conductivity of Nanoporous β-Li_3PS_4[J]. Journal of the American Chemical Society, 2013, 135(3): 975-978.

[111] Yao X, Liu D, Wang C, et al. High-Energy All-Solid-State Lithium Batteries with Ultralong Cycle Life[J]. Nano Letters, 2016, 16(11): 7148-7154.

[112] Zhang J X, Zhao N, Zhang M, et al. Flexible and Ion-Conducting Membrane Electrolytes for Solid-State Lithium Batteries: Dispersion of Garnet Nanoparticles in Insulating Polyethylene

Oxide[J]. Nano Energy, 2016, 28: 447-454.

[113] Maier J. Extremely High Silver Ionic Conductivity in Composites of Silver Halide(AgBr, AgI) and Mesoporous Alumina[J]. Advanced Functional Materials, 2010, 16(4): 525-530.

[114] Liu W, Liu N, Sun J, et al. Ionic Conductivity Enhancement of Polymer Electrolytes with Ceramic Nanowire Fillers[J]. Nano Letters, 2015, 15(4): 2740-2745.

[115] Liu W, Lee S W, Lin D, et al. Enhancing Ionic Conductivity in Composite Polymer Electrolytes with Well-Aligned Ceramic Nanowires[J]. Nature Energy, 2017, 2(5): 17035.

[116] Zhai H, Xu P, Ning M, et al. A Flexible Solid Composite Electrolyte with Vertically Aligned and Connected Ion-Conducting Nanoparticles for Lithium Batteries[J]. Nano Letters, 2017, 17(5): 3182-3187.

[117] Tan S, Zeng X, Ma Q, et al. Recent Advancements in Polymer-Based Composite Electrolytes for Rechargeable Lithium Batteries[J]. Electrochemical Energy Reviews, 2018, 1(2): 113-138.

[118] Linford R G, Hackwood S. Physical Techniques for the Study of Solid Electrolytes[J]. Chemical Reviews, 1981, 81(4): 327-364.

[119] Bachman J C, Muy S, Grimaud A, et al. Inorganic Solid-State Electrolytes for Lithium Batteries: Mechanisms and Properties Governing Ion Conduction[J]. Chemical Reviews, 2016, 116(1): 140-162.

[120] Liu Y, He P, Zhou H. Rechargeable Solid-State Li-Air and Li-S Batteries: Materials, Construction, and Challenges[J]. Advanced Energy Materials, 2018, 8(4): 1701601-1701602.

[121] Ramakumar S, Deviannapoorani C, Dhivya L, et al. Lithium Garnets: Synthesis, Structure, Li^+ conductivity, Li^+ Dynamics and Applications[J]. Progress in Materials Science, 2017, 88: 325-411.

[122] O' Callaghan M P, Cussen E J. Lithium Dimer Formation in The Li-Conducting Garnets $Li_{(5+x)}Ba_{(x)}La_{(3-x)}Ta_2O_{12}$($0<x<or=1.6$). [J]. Chemical Communications, 2007, 38(20): 2048-2050.

[123] Dai J Q, Yang C P, Wang C W, et al. Interface Engineering for Garnet-Based Solid-State Lithium-Metal Batteries: Materials, Structures, and Characterization[J]. Advanced Materials, 2018, 30(48): 1802068.

[124] 陈骋，凌仕刚，郭向欣，等. 固态锂二次电池关键材料中的空间电荷层效应：原理和展望[J]. 储能科学与技术，2016(5)：668-677.

[125] Du M, Liao K, Lu Q, et al. Recent Advances in the Interface Engineering of Solid-State Li-Ion Batteries with Artificial Buffer Layers: Challenges, Materials, Construction, and

Characterization[J]. Energy & Environmental Science, 2019, 12(6): 1780-1804.

[126] Sakuda A, Hayashi A, Tatsumisago M. Interfacial Observation between $LiCoO_2$ Electrode and $Li_2S-P_2S_5$ Solid Electrolytes of All-Solid-State Lithium Secondary Batteries Using Transmission Electron Microscopy[J]. Chemistry of Materials, 2010, 22: 949-956.

[127] Mizuno F, Hayashi A, Tadanaga K, et al. Effects of Conductive Additives in Composite Positive Electrodes on Charge-Discharge Behaviors of All-Solid-State Lithium Secondary Batteries[J]. Journal of The Electrochemical Society, 2005, 152: A1499-A1503.

[128] Hayashi A, Nishio Y, Kitaura H, et al. Novel Technique to Form Electrode-Electrolyte Nanointerface in All-Solid-State Rechargeable Lithium Batteries[J]. Electrochemistry Communications, 2008, 10(12): 1860-1863.

[129] Park K, Yu B C, Jung J W, et al. Electrochemical Nature of the Cathode Interface for a Solid-State Lithium-Ion Battery: Interface between $LiCoO_2$ and Garnet-$Li_7La_3Zr_2O_{12}$[J]. Chemistry of Materials, 2016, 28(21): 8051-8059.

[130] Miyashiro H, Kobayashi Y, Seki S, et al. Fabrication of All-Solid-State Lithium Polymer Secondary Batteries Using Al_2O_3-Coated $LiCoO_2$[J]. Chemistry of Materials, 2005, 17(23): 5603-5605.

[131] Kim K H, Iriyama Y, Yamamoto K, et al. Characterization of the Interface between $LiCoO_2$ and $Li_7La_3Zr_2O_{12}$ in an All-Solid-State Rechargeable Lithium Battery[J]. Journal of Power Sources, 2011, 196(2): 764-767.

[132] Vardar G, Bowman W J, Lu Q, et al. Structure, Chemistry, and Charge Transfer Resistance of the Interface between $Li_7La_3Zr_2O_{12}$ Electrolyte and $LiCoO_2$ Cathode[J]. Chemistry of Materials, 2018, 30(18): 6259-6276.

[133] Kim Y, Veith G M, Nanda J, et al. High Voltage Stability of $LiCoO_2$ Particles with a Nano-Scale LiPON Coating[J]. Electrochimica Acta, 2011, 56(19): 6573-6580.

[134] Nagao M, Hayashi A, Tatsumisago M. High-Capacity Li_2S-Nanocarbon Composite Electrode for All-Solid-State Rechargeable Lithium Batteries[J]. Journal of Materials Chemistry, 2012, 22(19): 10015-10020.

[135] Wang C, Adair K R, Liang J, et al. Solid-State Plastic Crystal Electrolytes: Effective Protection Interlayers for Sulfide-Based All-Solid-State Lithium Metal Batteries[J]. Advanced Functional Materials, 2019, 29(26): 1900392.

[136] Liu W, Li X, Xiong D, et al. Significantly Improving Cycling Performance of Cathodes in Lithium Ion Batteries: The Effect of Al_2O_3 and $LiAlO_2$ Coatings on $LiNi_{0.6}Co_{0.2}Mn_{0.2}O_2$[J]. Nano Energy, 2018, 44: 111-120.

[137] Takada K, Ohta N, Zhang L, et al. Interfacial Modification for High-Power Solid-State

Lithium Batteries[J]. Solid State Ionics, 2008, 179(27-32): 1333-1337.

[138] Seino Y, Ota T, Takada K. High Rate Capabilities of All-Solid-State Lithium Secondary Batteries Using $Li_4Ti_5O_{12}$-Coated $LiNi_{0.8}Co_{0.15}Al_{0.05}O_2$ and a Sulfide-Based Solid Electrolyte [J]. Journal of Power Sources, 2011, 196(15): 6488-6492.

[139] Sakuda A, Kitaura H, Hayashi A, et al. Modification of Interface between $LiCoO_2$ Electrode and $Li_2S-P_2S_5$ Solid Electrolyte Using Li_2O-SiO_2 Glassy Layers [J]. Journal of the Electrochemical Society, 2009, 156(1): A27.

[140] Kobayashi T, Yamada A, Kanno R. Interfacial Reactions at Electrode/Electrolyte Boundary in All Solid-State Lithium Battery Using Inorganic Solid Electrolyte, Thio-LISICON [J]. Electrochimica Acta, 2008, 53(15): 5045-5050.

[141] Okada K, Machida N, Naito M, et al. Preparation and Electrochemical Properties of $LiAlO_2$-Coated $Li(Ni_{1/3}Mn_{1/3}Co_{1/3})O_2$ for All-Solid-State Batteries[J]. Solid State Ionics, 2014, 255: 120-127.

[142] Cao D, Zhang Y, Nolan A M, et al. Stable Thiophosphate-Based All-Solid-State Lithium Batteries through Conformally Interfacial Nanocoating[J]. Nano Letters, 2020, 20(3): 1483-1490.

[143] Goodenough J B, Kim Y. Challenges for Rechargeable Li Batteries[J]. Chemistry of Materials, 2010, 22(3): 587-603.

[144] Tarascon J M, Armand M. Issues and Challenges Facing Rechargeable Lithium Batteries[J]. Nature, 2001, 414(6861): 359-367.

[145] Zhamu A, Chen G, Liu C, et al. Reviving Rechargeable Lithium Metal Batteries: Enabling Next-Generation High-Energy and High-Power Cells[J]. Energy & Environmental Science, 2012, 5(2): 5701-5707.

[146] Cheng X, Zhang R, Zhao C, et al. Toward Safe Lithium Metal Anode in Rechargeable Batteries: A Review[J]. Chemical Reviews, 2017, 117(15): 10403-10473.

[147] Cheng X, Zhang R, Zhao C, et al. A Review of Solid Electrolyte Interphases on Lithium Metal Anode[J]. Advanced Science, 2016, 3(3): 1500213.

[148] Peng Z, Zhao N, Zhang Z, et al. Stabilizing Li/Electrolyte Interface with a Transplantable Protective Layer Based on Nanoscale LiF Domains[J]. Nano Energy, 2017, 39: 662-672.

[149] Li Z, Huang J, Yann Liaw B, et al. A Review of Lithium Deposition in Lithium-Ion and Lithium Metal Secondary Batteries[J]. Journal of Power Sources, 2014, 254: 168-182.

[150] Zhang X, Cheng X, Chen X, et al. Fluoroethylene Carbonate Additives to Render Uniform Li Deposits in Lithium Metal Batteries [J]. Advanced Functional Materials, 2017, 27(10): 1605989.

[151] Wang L, Wang Q, Jia W, et al. Li Metal Coated with Amorphous Li_3PO_4 via Magnetron Sputtering for Stable and Long-Cycle Life Lithium Metal Batteries[J]. Journal of Power Sources, 2017, 342: 175-182.

[152] Zhang R, Chen X, Shen X, et al. Coralloid Carbon Fiber-Based Composite Lithium Anode for Robust Lithium Metal Batteries[J]. Joule, 2018, 2(4): 764-777.

[153] Na W, Lee A S, Lee J H, et al. Lithium Dendrite Suppression with UV-Curable Polysilsesquioxane Separator Binders[J]. ACS Applied Materials & Interfaces, 2016, 8(20): 12852-12858.

[154] Fu J, Yu P, Zhang N, et al. In Situ Formation of A Bifunctional Interlayer Enabled by A Conversion Reaction to Initiatively Prevent Lithium Dendrites in A Garnet Solid Electrolyte[J]. Energy & Environmental Science, 2019, 12(4): 1404-1412.

[155] 李泓，许晓雄. 固态锂电池研发愿景和策略[J]. 储能科学与技术，2016(5)：607-614.

[156] Liu Q, Geng Z, Han C, et al. Challenges and Perspectives of Garnet Solid Electrolytes for All Solid-State Lithium Batteries[J]. Journal of Power Sources, 2018, 389: 120-134.

[157] Shen Z, Zhang W, Zhu G, et al. Design Principles of the Anode-Electrolyte Interface for All Solid-State Lithium Metal Batteries[J]. Small Methods, 2020, 4(1): 1900592.

[158] Zhu Y Z, He X F, Mo Y F. Origin of Outstanding Stability in the Lithium Solid Electrolyte Materials: Insights from Thermodynamic Analyses Based on First-Principles Calculations[J]. ACS Applied Materials & Interfaces, 2015, 7(42): 23685-23693.

[159] Han F D, Zhu Y Z, He X F, et al. Electrochemical Stability of $Li_{10}GeP_2S_{12}$ and $Li_7La_3Zr_2O_{12}$ Solid Electrolytes[J]. Advanced Energy Materials, 2016, 6(8): 1501590.

[160] Thangadurai V, Kaack H, Weppner W J F. Novel Fast Lithium Ion Conduction in Garnet-Type $Li_5La_3M_2O_{12}$(M: Nb, Ta)[J]. Journal of the American Ceramic Society, 2003, 86(27): 437.

[161] Murugan R, Thangadurai V, Weppner W. Fast Lithium Ion Conduction in Garnet-Type $Li_7La_3Zr_2O_{12}$[J]. Angewandte Chemie International Edition, 2007, 46(41): 7778-7781.

[162] Thangadurai V, Pinzaru D, Narayanan S, et al. Fast Solid-State Li Ion Conducting Garnet-Type Structure Metal Oxides for Energy Storage[J]. The Journal of Physical Chemistry Letters, 2015, 6(2): 292-299.

[163] Kotobuki M, Kanamura K, Sato Y, et al. Electrochemical Properties of $Li_7La_3Zr_2O_{12}$ Solid Electrolyte Prepared in Argon Atmosphere[J]. Journal of Power Sources, 2012, 199(FEB. 1): 346-349.

[164] Ma C, Cheng Y Q, Yin K B, et al. Interfacial Stability of Li Metal-Solid Electrolyte Elucidated via in Situ Electron Microscopy[J]. Nano Letters, 2016, 16(11): 7030-7036.

[165] Ohta S, Seki J, Yagi Y, et al. Co-Sinterable Lithium Garnet-Type Oxide Electrolyte with Cathode for All-Solid-State Lithium Ion Battery[J]. Journal of Power Sources, 2014, 265: 40-44.

[166] Munichandraiah N, Shukla A K, Scanlon L G, et al. On the Stability of Lithium During Ageing of Li/PEO_8LiClO_4/Li Cells[J]. Journal of Power Sources, 1996, 62(2): 201-206.

[167] Li Y T, Xu B Y, Xu H H, et al. Hybrid Polymer/Garnet Electrolyte with a Small Interfacial Resistance for Lithium-Ion Batteries[J]. Angewandte Chemie International Edition, 2017, 56(3): 753-756.

[168] Fu K, Gong Y H, Hitz G T, et al. Three-Dimensional Bilayer Garnet Solid Electrolyte Based High Energy Density Lithium Metal-Sulfur Batteries[J]. Energy & Environmental Science, 2017, 10(7): 1568-1575.

[169] Shan Y J, Inaguma Y, Itoh M. The Effect of Electrostatic Potentials on Lithium Insertion for Perovskite Oxides[J]. Solid State Ionics, 1995, 79: 245-251.

[170] Nakayama M, Usui T, Uchimoto Y, et al. Changes in Electronic Structure upon Lithium Insertion into the A-Site Deficient Perovskite Type Oxides(Li, La)TiO_3[J]. The Journal of Physical Chemistry B, 2005, 109(9): 4135-4143.

[171] Shan Y J, Chen L, Inaguma Y, et al. Oxide Cathode with Perovskite Structure for Rechargeable Lithium Batteries[J]. Journal of Power Sources, 1995, 54(2): 397-402.

[172] Wenzel S, Leichtweiss T, Krüger D, et al. Interphase Formation on Lithium Solid Electrolytes-An In Situ Approach to Study Interfacial Reactions by Photoelectron Spectroscopy[J]. Solid State Ionics, 2015, 278: 98-105.

[173] Wang G X, Bewlay S, Yao J, et al. Characterization of $LiM_xFe_{1-x}PO_4$(M=Mg, Zr, Ti) Cathode Materials Prepared by the Sol-Gel Method[J]. Electrochemical & Solid State Letters, 2004, 7(12): A503-A506.

[174] Toroker M C, Kanan D K, Alidoust N, et al. First Principles Scheme to Evaluate Band Edge Positions in Potential Transition Metal Oxide Photocatalysts and Photoelectrodes[J]. Physical Chemistry Chemical Physics Pccp, 2011, 13(37): 16644-16654.

[175] Wang Q, Jin J, Wu X, et al. A Shuttle Effect Free Lithium Sulfur Battery Based on a Hybrid Electrolyte[J]. Physical Chemistry Chemical Physics, 2014, 16(39): 21225-21229.

[176] Lee J M, Kim S H, Tak Y, et al. Study on the LLT Solid Electrolyte Thin Film with LiPON Interlayer Intervening between LLT and Electrodes[J]. Journal of Power Sources, 2006, 163(1): 173-179.

[177] Krauskopf T, Hartmann H, Zeier W G, et al. Toward a Fundamental Understanding of the

Lithium Metal Anode in Solid-State Batteries-An Electrochemo-Mechanical Study on the Garnet-Type Solid Electrolyte $Li_{6.25}Al_{0.25}La_3Zr_2O_{12}$[J]. ACS Applied Materials & Interfaces, 2019, 11(15): 14463-14477.

[178] Han F, Westover A S, Yue J, et al. High Electronic Conductivity as the Origin of Lithium Dendrite Formation within Solid Electrolytes[J]. Nature Energy, 2019, 4(3): 187-196.

[179] Huang W L, Zhao N, Bi Z J, et al. Can We Find Solution to Eliminate Li Penetration Through Solid Garnet Electrolytes? [J]. Materials Today Nano, 2020, 10: 100075.

[180] Hartmann P, Leichtweiss T, Busche M R, et al. Degradation of NASICON-Type Materials in Contact with Lithium Metal: Formation of Mixed Conducting Interphases (MCI) on Solid Electrolytes[J]. The Journal of Physical Chemistry C, 2013, 117(41): 21064-21074.

[181] Chen R, Li Q, Yu X, et al. Approaching Practically Accessible Solid-State Batteries: Stability Issues Related to Solid Electrolytes and Interfaces[J]. Chemical Reviews, 2020, 120(14): 6820-6877.

[182] Cheng X, Zhao C, Yao Y, et al. Recent Advances in Energy Chemistry between Solid-State Electrolyte and Safe Lithium-Metal Anodes[J]. Chem, 2019, 5(1): 74-96.

[183] Chen R, Nolan A M, Lu J, et al. The Thermal Stability of Lithium Solid Electrolytes with Metallic Lithium[J]. Joule, 2020, 4(4): 812-821.

[184] 陈立泉. 四十年固态锂电池——回顾与展望[J]. 储能科学与技术, 2016(5): 605-606.

[185] 段惠, 殷雅侠, 郭玉国, 等. 固态金属锂电池最新进展评述[J]. 储能科学与技术, 2017(5): 941-951.

[186] Zhang H, Eshetu G G, Judez X, et al. Electrolyte Additives for Lithium Metal Anodes and Rechargeable Lithium Metal Batteries: Progress and Perspectives[J]. Angewandte Chemie, 2018, 130(46): 15220-15246.

[187] Li N, Yin Y, Yang C, et al. An Artificial Solid Electrolyte Interphase Layer for Stable Lithium Metal Anodes[J]. Advanced Materials, 2016, 28(9): 1853-1858.

[188] Li N, Shi Y, Yin Y, et al. A Flexible Solid Electrolyte Interphase Layer for Long-Life Lithium Metal Anodes[J]. Angewandte Chemie International Edition, 2018, 57(6): 1505-1509.

[189] 陈龙, 池上森, 董源, 等. 全固态锂电池关键材料——固态电解质研究进展[J]. 硅酸盐学报, 2018, 46(1): 21-34.

[190] Ma Q, Zeng X, Yue J, et al. Viscoelastic and Nonflammable Interface Design-Enabled Dendrite-Free and Safe Solid Lithium Metal Batteries[J]. Advanced Energy Materials, 2019: 1803854.

[191] Xia S, Lopez J, Liang C, et al. High-Rate and Large-Capacity Lithium Metal Anode Enabled by Volume Conformal and Self-Healable Composite Polymer Electrolyte[J]. Advanced Science, 2019: 1802353.

[192] Fan X, Ji X, Han F, et al. Fluorinated Solid Electrolyte Interphase Enables Highly Reversible Solid-State Li Metal Battery[J]. Science Advances, 2018, 4(12): u9245.

[193] Hao X, Zhao Q, Su S, et al. Constructing Multifunctional Interphase between $Li_{1.4}Al_{0.4}Ti_{1.6}(PO_4)_3$ and Li Metal by Magnetron Sputtering for Highly Stable Solid-State Lithium Metal Batteries[J]. Advanced Energy Materials, 2019, 9(34): 1901604.

[194] Yu Q, Han D, Lu Q, et al. Constructing Effective Interfaces for $Li_{1.5}Al_{0.5}Ge_{1.5}(PO_4)_3$ Pellets to Achieve Room-Temperature Hybrid Solid-State Lithium Metal Batteries[J]. ACS Applied Materials & Interfaces, 2019, 11(10): 9911-9918.

[195] 朱海. 先进陶瓷成型及加工技术[M]. 北京: 化学工业出版社, 2016: 37-42.

[196] Kang S. Sintering: Densification, Grain Growth & Microstructure[M]. Oxford: Jorden Hill, 2005: 71-89.

[197] Barsoum M, Barsoum M W. Fundamentals of Ceramics[M]. New York: Mo Graw Hill, 2002: 145-149.

[198] Cai M, Lu Y, Su J, et al. In Situ Lithiophilic Layer from H^+/Li^+ Exchange on Garnet Surface for the Stable Lithium-Solid Electrolyte Interface[J]. ACS Applied Materials & Interfaces, 2019, 11(38): 35030-35038.

[199] Amin R, Maier J, Balaya P, et al. Ionic and Electronic Transport in Single Crystalline $LiFePO_4$ Grown by Optical Floating Zone Technique[J]. Solid State Ionics, 2008, 179(27-32): 1683-1687.

[200] Wang C, Hong J. Ionic/Electronic Conducting Characteristics of $LiFePO_4$ Cathode Materials: The Determining Factors for High Rate Performance[J]. Electrochemical and Solid-State Letters, 2007, 10(3): A65-A69.

[201] Wang M J, Wolfenstine J B, Sakamoto J. Mixed Electronic and Ionic Conduction Properties of Lithium Lanthanum Titanate[J]. Advanced Functional Materials, 2020, 30(10): 1909140.

[202] Bi J, Mu D, Wu B, et al. A Hybrid Solid Electrolyte $Li_{0.33}La_{0.557}TiO_3$/poly(acylonitrile) Membrane Infiltrated with a Succinonitrile-based Electrolyte for Solid State Lithium-ion Batteries[J]. Journal of Materials Chemistry A, 2020, 8(2): 706-713.

[203] Ratner M A, Shriver D F. Ion Transport in Solvent-Free Polymers[J]. Chemical Reviews, 1988, 88(1): 109-124.

[204] Yang L, Wang Z, Feng Y, et al. Flexible Composite Solid Electrolyte Facilitating Highly

Stable "Soft Contacting" Li-Electrolyte Interface for Solid State Lithium-Ion Batteries[J]. Advanced Energy Materials, 2017, 7(22): 1701437.

[205] Croce F, Appetecchi G B, Persi L, et al. Nanocomposite Polymer Electrolytes for Lithium Batteries[J]. Nature, 1998, 394(6692): 456-458.

[206] Duan H, Fan M, Chen W P, et al. Extended Electrochemical Window of Solid Electrolytes via Heterogeneous Multilayered Structure for High-Voltage Lithium Metal Batteries[J]. Advanced Materials, 2019, 31(12): 1807789.

[207] Chen G, Zhang F, Zhou Z, et al. A Flexible Dual-Ion Battery Based on PVDF-HFP-Modified Gel Polymer Electrolyte with Excellent Cycling Performance and Superior Rate Capability[J]. Advanced Energy Materials, 2018, 8(25): 1801219.

[208] Bandara T M W J, Weerasinghe A M J S, Dissanayake M A K L, et al. Characterization of Poly(vinylidene fluoride-co-hexafluoropropylene)(PVdF-HFP) Nanofiber Membrane Based Quasi Solid Electrolytes and Their Application in A Dye Sensitized Solar Cell[J]. Electrochimica Acta, 2018, 266: 276-283.

[209] Park M, Hyun S, Nam S, et al. Performance Evaluation of Printed $LiCoO_2$ Cathodes with PVDF-HFP Gel Electrolyte for Lithium Ion Microbatteries[J]. Electrochimica Acta, 2008, 53(17): 5523-5527.

[210] Choe H S, Giaccai J, Alamgir M, et al. Preparation and Characterization of Poly(vinyl sulfone)-and Poly(vinylidene fluoride)-based Electrolytes[J]. Electrochimica Acta, 1995, 40(13-14): 2289-2293.

[211] Zhang S, Tsuboi A, Nakata H, et al. Database and Models of Electrolyte Solutions for Lithium Battery[J]. Journal of Power Sources, 2001, 97: 584-588.

[212] Kumar B, Scanlon L G. Polymer-Ceramic Composite Electrolytes[J]. Journal of Power Sources, 1994, 52(2): 261-268.

[213] Yamada H, Bhattacharyya A J, Maier J. Extremely High Silver Ionic Conductivity in Composites of Silver Halide(AgBr, AgI) and Mesoporous Alumina[J]. Advanced Functional Materials, 2006, 16(4): 525-530.

[214] Zhang X, Wang S, Xue C, et al. Self-Suppression of Lithium Dendrite in All-Solid-State Lithium Metal Batteries with Poly(vinylidene difluoride)-Based Solid Electrolytes[J]. Advanced Materials, 2019, 31(11): 1806082.

[215] Lu Z, Yang L, Guo Y. Thermal Behavior and Decomposition Kinetics of Six Electrolyte Salts by Thermal Analysis[J]. Journal of Power Sources, 2006, 156(2): 555-559.

[216] Munch Elmér A, Wesslén B, Sommer-Larsen P, et al. Ion Conductive Electrolyte Membranes

Based on Co-Continuous Polymer Blends[J]. Journal of Materials Chemistry, 2003, 13(9): 2168-2176.

[217] Wan Z, Lei D, Yang W, et al. Low Resistance-Integrated All-Solid-State Battery Achieved by $Li_7La_3Zr_2O_{12}$ Nanowire Upgrading Polyethylene Oxide(PEO) Composite Electrolyte and PEO Cathode Binder[J]. Advanced Functional Materials, 2019, 29(1): 1805301.

[218] Chen C H, Amine K. Ionic Conductivity, Lithium Insertion and Extraction of Lanthanum Lithium Titanate[J]. Solid State Ionics, 2001, 144(1): 51-57.

[219] Piao N, Ji X, Xu H, et al. Countersolvent Electrolytes for Lithium-Metal Batteries[J]. Advanced Energy Materials, 2020, 10(10): 1903568.

[220] 刘凯. 若干复合塑晶电解质的制备及性能的研究[D]. 天津：天津大学，2016：75-78.

[221] 何向明，蒲薇华，王莉，等. 锂离子塑性晶体常温固体电解质[J]. 化学进展，2006(1)：24-29.

[222] Wang C, Adair K R, Liang J, et al. Solid-State Plastic Crystal Electrolytes: Effective Protection Interlayers for Sulfide-Based All-Solid-State Lithium Metal Batteries[J]. Advanced Functional Materials, 2019, 29(26): 1900392.

[223] Gao H, Xue L, Xin S, et al. A Plastic-Crystal Electrolyte Interphase for All-Solid-State Sodium Batteries[J]. Angewandte Chemie-International Edition, 2017, 56(20): 5541-5545.

[224] Pandey G P, Liu T, Hancock C, et al. Thermostable Gel Polymer Electrolyte Based on Succinonitrile and Ionic Liquid for High-performance Solid-state Supercapacitors[J]. Journal of Power Sources, 2016, 328: 510-519.

[225] Dai Y, Wang K, Zhou B, et al. Gauche-Trans Conformational Equilibrium of Succinonitrile under High Pressure[J]. The Journal of Physical Chemistry C, 2016, 120(10): 5340-5346.

[226] Bischofb. T, Courtens E. Optical Kerr Effect, Susceptibility, And Order Parameter of Plastic Succinonitrile[J]. Physical Review Letters, 1974, 32(4): 163-166.

[227] Hawthorne H M, Sherwo J N. Lattice Defects in Plastic Organic Solids. 1. Self-Diffusion and Plastic Deformation in Pivalic Acid, Hexamethylethane and Cyclohexane[J]. Transactions of The Faraday Society, 1970, 66(571): 1783-1791.

[228] Shen Y, Deng G, Ge C, et al. Solvation Structure Around the Li^+ Ion in Succinonitrile-Lithium Salt Plastic Crystalline Electrolytes[J]. Physical Chemistry Chemical Physics, 2016, 18(22): 14867-14873.

[229] Fan L, Hu Y, Bhattacharyya A J, et al. Succinonitrile as a Versatile Additive for Polymer Electrolytes[J]. Advanced Functional Materials, 2007, 17(15): 2800-2807.

[230] Alarco P J, Abu - Lebdeh Y, Abouimrane A, et al. The Plastic - Crystalline Phase of Succinonitrile as A Universal Matrix for Solid-State Ionic Conductors[J]. Nature Materials, 2004, 3(7): 476-481.

[231] Zhou D, He Y, Liu R, et al. In Situ Synthesis of a Hierarchical All-Solid-State Electrolyte Based on Nitrile Materials for High-Performance Lithium-Ion Batteries[J]. Advanced Energy Materials, 2015, 5(15): 1500353.

[232] Lin D, Liu W, Liu Y, et al. High Ionic Conductivity of Composite Solid Polymer Electrolyte via In Situ Synthesis of Monodispersed SiO_2 Nanospheres in Poly(ethylene oxide)[J]. Nano Letters, 2016, 16(1): 459-465.

[233] Ishibe S, Anzai K, Nakamura J, et al. Ion-Conductive and Mechanical Properties of Polyether/Silica Thin Fiber Composite Electrolytes[J]. Reactive & Functional Polymers, 2014, 81: 40-44.

[234] Masoud E M, El-Bellihi A, Bayoumy W A, et al. Organic-Inorganic Composite Polymer Electrolyte Based on PEO-$LiClO_4$ and Nano-Al_2O_3 Filler For Lithium Polymer Batteries: Dielectric and Transport Properties[J]. Journal of Alloys and Compounds, 2013, 575: 223-228.

[235] Chen L, Li Y, Li S, et al. PEO/Garnet Composite Electrolytes for Solid-State Lithium Batteries: From "Ceramic-in-Polymer" to "Polymer-in-Ceramic"[J]. Nano Energy, 2018, 46: 176-184.

[236] Zheng J, Tang M, Hu Y. Lithium Ion Pathway within $Li_7La_3Zr_2O_{12}$-Polyethylene Oxide Composite Electrolytes[J]. Angewandte Chemie-International Edition, 2016, 55(40): 12538-12542.

[237] Zhao Y, Wu C, Peng G, et al. A New Solid Polymer Electrolyte Incorporating $Li_{10}GeP_2S_{12}$ into a Polyethylene Oxide Matrix for All-Solid-State Lithium Batteries[J]. Journal of Power Sources, 2016, 301: 47-53.

[238] Xiao W, Wang J, Fan L, et al. Recent Advances in $Li_{1+x}Al_xTi_{2-x}(PO_4)_3$ Solid-State Electrolyte for Safe Lithium Batteries[J]. Energy Storage Materials, 2019, 19: 379-400.

[239] Inaguma Y, Chen L Q, Itoh M, et al. High Ionic-Conductivity in Lithium Lanthanum Titanate[J]. Solid State Communications, 1993, 86(10): 689-693.

[240] Zhu L, Zhu P, Fang Q, et al. A Novel Solid PEO/LLTO-Nanowires Polymer Composite Electrolyte for Solid-State Lithium-Ion Battery[J]. Electrochimica Acta, 2018, 292: 718-726.

[241] Zhu P, Yan C, Dirican M, et al. $Li_{0.33}La_{0.557}TiO_3$ Ceramic Nanofiber-Enhanced Polyethylene Oxide-Based Composite Polymer Electrolytes for All-Solid-State Lithium Batteries[J]. Journal

of Materials Chemistry A, 2018, 6(10): 4279-4285.

[242] He K, Zha J, Du P, et al. Tailored High Cycling Performance in A Solid Polymer Electrolyte with Perovskite-Type $Li_{0.33}La_{0.557}TiO_3$ Nanofibers For All-Solid-State Lithium Ion Batteries [J]. Dalton Transactions, 2019, 48(10): 3263-3269.

[243] Bae J, Li Y, Zhang J, et al. A 3D Nanostructured Hydrogel-Framework-Derived High-Performance Composite Polymer Lithium-Ion Electrolyte [J]. Angewandte Chemie-International Edition, 2018, 57(8): 2096-2100.

[244] Wang X, Zhang Y, Zhang X, et al. Lithium-Salt-Rich PEO/$Li_{0.3}La_{0.557}TiO_3$ Interpenetrating Composite Electrolyte with Three-Dimensional Ceramic Nano-Backbone for All-Solid-State Lithium-Ion Batteries[J]. ACS Applied Materials & Interfaces, 2018, 10(29): 24791-24798.

[245] Wenzel S, Leichtweiss T, Krueger D, et al. Interphase Formation On Lithium Solid Electrolytes-An in Situ Approach to Study Interfacial Reactions by Photoelectron Spectroscopy[J]. Solid State Ionics, 2015, 278: 98-105.

[246] Chen R, Liu F, Chen Y, et al. An Investigation of Functionalized Electrolyte Using Succinonitrile Additive for High Voltage Lithium-Ion Batteries[J]. Journal of Power Sources, 2016, 306: 70-77.

[247] Liu W, Lee S W, Lin D, et al. Enhancing Ionic Conductivity in Composite Polymer Electrolytes with Well-Aligned Ceramic Nanowires[J]. Nature Energy, 2017, 2: 170355.

[248] Diederichsen K M, McShane E J, McCloskey B D. Promising Routes to a High Li^+ Transference Number Electrolyte for Lithium Ion Batteries[J]. ACS Energy Letters, 2017, 2(11): 2563-2575.

[249] Zhang Y, Zheng Z, Liu X, et al. Fundamental Relationship of Microstructure and Ionic Conductivity of Amorphous LLTO as Solid Electrolyte Material [J]. Journal of the Electrochemical Society, 2019, 166(4): A515-A520.

[250] Fu K K, Gong Y, Dai J, et al. Flexible, Solid-State, Ion-Conducting Membrane with 3D Garnet Nanofiber Networks for Lithium Batteries[J]. Proceedings of the National Academy of Sciences of the United States of America, 2016, 113(26): 7094-7099.

[251] Das S R, Majumder S B, Katiyar R S. Kinetic Analysis of the Li^+ Ion Intercalation Behavior of Solution Derived Nano-Crystalline Lithium Manganate Thin Films [J]. Journal of Power Sources, 2005, 139(1-2): 261-268.

[252] Zhao Y, Peng L, Liu B, et al. Single-Crystalline $LiFePO_4$ Nanosheets for High-Rate Li-Ion Batteries[J]. Nano Letters, 2014, 14(5): 2849-2853.

[253] Wang Y, Li H, He P, et al. Nano Active Materials for Lithium-Ion Batteries [J]. Nanoscale, 2010, 2(8): 1294-1305.

[254] Zhu Y, Xu Y, Liu Y, et al. Comparison of Electrochemical Performances of Olivine $NaFePO_4$ in Sodium-Ion Batteries and Olivine $LiFePO_4$ in Lithium-Ion Batteries[J]. Nanoscale, 2013, 5(2): 780-787.

[255] Xu W, Wang J, Ding F, et al. Lithium Metal Anodes for Rechargeable Batteries[J]. Energy & Environmental Science, 2014, 7(2): 513-537.

[256] Luntz A C, McCloskey B D. Nonaqueous Li-Air Batteries: A Status Report[J]. Chemical Reviews, 2014, 114(23): 11721-11750.

[257] Xu K, von Cresce A. Interfacing Electrolytes with Electrodes in Li Ion Batteries[J]. Journal of Materials Chemistry, 2011, 21(27): 9849-9864.

[258] Ma Y, Zhou Z, Li C, et al. Enabling Reliable Lithium Metal Batteries by A Bifunctional Anionic Electrolyte Additive[J]. Energy Storage Materials, 2018, 11: 197-204.

[259] Sun Y, Zhao Y, Wang J, et al. A Novel Organic "Polyurea" Thin Film for Ultralong-Life Lithium-Metal Anodes via Molecular-Layer Deposition[J]. Advanced Materials, 2019, 31(4): 1806541.

[260] Zhang X, Wang S, Xue C, et al. Self-Suppression of Lithium Dendrite in All-Solid-State Lithium Metal Batteries with Poly(vinylidene difluoride)-Based Solid Electrolytes[J]. Advanced Materials, 2019, 31(11): 1806082.

[261] Zhang F, Shen F, Fan Z, et al. Ultrathin Al_2O_3-Coated Reduced Graphene Oxide Membrane for Stable Lithium Metal Anode[J]. Rare Metals, 2018, 37(6): 510-519.

[262] Liu Y, Liu Q, Xin L, et al. Making Li-metal Electrodes Rechargeable by Controlling the Dendrite Growth Direction[J]. Nature Energy, 2017, 2(7): 17083.

[263] Prosini P P, Villano P, Carewska M. A Novel Intrinsically Porous Separator for Self-Standing Lithium-Ion Batteries[J]. Electrochimica Acta, 2002, 48: 227-233.

[264] Zhang S S, Xu K, Jow T R. Alkaline Composite Film as A Separator for Rechargeable Lithium Batteries[J]. Journal of Solid State Electrochemistry, 2003, 7(8): 492-496.

[265] Li X, Tao J, Hu D, et al. Stability of Polymeric Separators in Lithium Metal Batteries in A Low Voltage Environment[J]. Journal of Materials Chemistry A, 2018, 6(12): 5006-5015.

[266] Zhao C Z, Chen P Y, Zhang R, et al. An Ion Redistributor for Dendrite-Free Lithium Metal Anodes[J]. Science Advances, 2018, 4(11): t3446.

[267] Shi J, Xia Y, Han S, et al. Lithium Ion Conductive $Li_{1.5}Al_{0.5}Ge_{1.5}(PO_4)_3$ Based Inorganic-Organic Composite Separator with Enhanced Thermal Stability and Excellent Electrochemical Performances in 5 V Lithium Ion Batteries[J]. Journal of Power Sources, 2015, 273: 389-395.

[268] Liang T, Cao J, Liang W, et al. Asymmetrically Coated LAGP/PP/PVDF-HFP Composite Separator Film and its Effect on the Improvement of NCM Battery Performance[J]. RSC

Advances, 2019, 9(70): 41151-41160.

[269] Huo H, Li X, Chen Y, et al. Bifunctional Composite Separator with a Solid-State-Battery Strategy for Dendrite-Free Lithium Metal Batteries[J]. Energy Storage Materials, 2020, 29: 361-366.

[270] Yang S, Gu J, Yin Y. A Biaxial Stretched β-Isotactic Polypropylene Microporous Membrane for Lithium-Ion Batteries[J]. Journal of Applied Polymer Science, 2018, 135(6): 45825.

[271] Xu D, Su J, Jin J, et al. In Situ Generated Fireproof Gel Polymer Electrolyte with $Li_{6.4}Ga_{0.2}La_3Zr_2O_{12}$ as Initiator and Ion-Conductive Filler[J]. Advanced Energy Materials, 2019, 9(25): 1900611.